科學+

臺大科學教育發展中心
探索基礎科學系列講座

歪打正著的科學意外

主編｜王道還、高涌泉

編者｜楊振邦、高崇文、蔣正偉、鄭原忠
陳俊太、周成功、王道還、嚴宏洋

三民書局

推薦序
歪打正著的科學意外

生活中有不少現象具有規則性，例如：旭日東昇、夕陽西下，陰晴圓缺、潮起潮落，或是隨著春、夏、秋、冬的四季更迭所帶來的萬物孳息等，藉由推斷其規則性，我們便能預期各種現象的發生而事先做準備，如此一來就能安心的面對這些變化。我們會有心安的感覺，是因為期望生活中沒有「意外」性的「災難」發生；然而，「意外」這個詞其實並不一定直接等於「災難」，事實上在很多時候，我們反而需要「意外」來突破困境。我們常用的詞語中有所謂「意外的驚喜」，這代表著有時預期之外的結果反而是件好事，只不過這種情況發生的機率並不高罷了。

在本書中介紹的這些「科學意外」，都是科學家們在實驗結果中出現了現有理論無法解釋的現象，為了解釋這樣的結果，於是開始突發奇想，並在最終突破了原本理論框架的束縛，將研究帶向另一個境界。這樣的「科學意外」如果是出自一般人的疏忽，還不至於令人非常吃驚，但若是源自於科學家實驗操作的失誤，那就十分曲折離奇了，因為科學家都是訓練有素的專家，在實驗操作中他們是不應該出錯的。如果說，這樣的操作失誤是一個意外，那麼，從這個意外導致了更大的意外發生，那就是「歪打正著」了！

若想瞭解整個科學史脈絡，我們不能僅止於瞭解意外發現的那一個點，而是應該針對這個意外的「前因」與「後果」這條線進行綜觀的分析。這邊我想先談談「後果」這個部分。科學發現的後續影響是離不開「競爭」和「人性」這兩點的，原因也相當簡單，因為兩者都是人類的本質之一。科學家並非聖賢，而是平凡的人！只要是人就無法逃離身處年代的社會與經濟的條件限制。這裡我選擇以第八章——嚴宏洋教授撰寫的〈胰島素發現的八點檔連續劇〉來闡述這個觀點。會挑選這個章節有兩方面考量，一方面是因為糖尿病在現代的社會已經是一種「流行病」；另一方面是嚴教授將胰島素的發現過程稱為連續劇，想必其內容一定相當曲折離奇、高潮迭起，特別讓人想一探究竟當時到底發生了什麼事！

在胰島素的發現過程中，發生了一件足以改變時代背景的大事：從十九世紀末到二十世紀初期，各領域的專家（包括醫生和生物學家）均逐漸對胰島素展開了研究。除了臨床的觀察之外，也開始使用活體動物來進行試驗，特別是用狗來進行胰臟組織與糖尿和高血糖現象的試驗分析，這樣的新試驗方向似乎使得研究有了突破，當時的成果已經近乎找到了糖尿病和胰島素的關聯性。然而好景不常，隨著第一次世界大戰 (1914～1918) 爆發，除了許多年輕人都被徵召入伍、投入戰場不說，連後方的各項社會、科研活動也都紛紛中斷，而胰島素的研究當然也包含其中。事實上大戰帶來的影響，並未在「戰爭結束」宣告的那一刻隨即結束，它對社會、經濟、科技的影響是長遠的，尤其是這些被送上戰場的年輕人，在解甲返鄉後都面臨著適應上的困境。而此齣連續劇的主角，正是一位在這個時代背景下，畢業於加拿大醫學院，卻因為大戰而離開家鄉前往法國參戰的年輕人，他就是 1923 年諾貝爾生理或醫學獎的兩位得主之一——班廷。

班廷是一位出身於鄉下的孩子，在戰爭結束回到加拿大後，他便嘗試開業行醫，然而卻苦於因沒有病人而難以維生，只能勉強地掙扎著生活下去。對一個醫學院的畢業生來說，這恐怕是人生中很大的一場意外！這樣的生活一直持續下去並不是辦法，於是他只好另謀出路。經過幾番波折，他成功轉入了多倫多大學開始進行血糖和胰臟分泌物的研究，也就是在這段時期，他邂逅了日後與他共享諾貝爾獎的麥克勞德。麥克勞德是來自英國的學者，當時已經是頗有成就的一名教授了，從兩者出身上的懸殊差異，就可以想見他們日後的衝突會有多麼嚴重了。雖然研究初期時還風平浪靜，但在研究有所進展、日益向成功邁進時，性格和利益所造成的衝突果不其然就愈發尖銳了。在我們討論科學進展於學術上的影響的同時，也別忘了科技是可以創造利益的。胰島素是治療糖尿病的特效藥，它所隱含的商機可是相當龐大呢！但令人意外的是，班廷在受到種種曲折因素的影響，特別是在「醫德」這一方面的考量下，居然只以一塊錢的金額就把專利賣給了多倫多大學！然而，儘管在利益上的爭奪已成定局，但是兩位諾貝爾獎得主在榮譽這方面所結下的樑子並沒有因此消失，日後兩者之間依然瀰漫著濃濃的煙硝味，這又讓我們再一次感到意外了吧！

科學的意外發現源自於靈光乍現的一場意外，但它所造成的影響是深遠的；誰也不會想到，這個「意外發現」會引發一連串令人「意外」的蝴蝶效應，在科學界掀起滔天巨浪，成為劃時代的里程碑。事實上，每一個科學意外所造成的後果，都有可能是另一個科學意外的前因。就如同書中第三章——〈親愛的，我看透你了——

X射線與放射性的偶然發現〉中，蔣正偉教授所舉的例子，照相底片成像方式的改變，竟成了日後X光發現的關鍵拼圖！所以在談歪打正著的科學意外，絕對不可不提這些意外所產生的「後果」。

除了「後果」，科學意外發現的「前因」也是相當重要的。這個部分所著重的點是科學本質上的意外，也就是不符合理論預期的結果。這裡我選擇以第一章——楊振邦教授的〈未知的未知——關於科學研究中意外發現的幾個理論思考〉來嘗試解說一下。楊教授開宗明義就告訴我們：科學發現的過程是有步驟的，包括發想新主意與驗證此主意的有效性這兩階段。發想，就是所謂發現與提出假設的過程，我個人認為，這是一個觀察和歸納的階段；至於驗證，就是現在學生們參與研究時經常聽到的「假說測試」。在本章中楊教授也提到，十九世紀的英國數學家威廉・惠威爾認為，在這個兩步驟之間還存在著一個步驟，就是要能清楚地表達出發想的內容。我個人認為，這的確是科學家絕對必需的一項技能，也就是要能夠進行有效溝通。透過溝通引起同儕的興趣並理解你的想法，方能廣徵意見並對發想的新主意進行驗證，而在驗證的過程中，該主意也會日漸穩固，變成新的科學知識和理論。

如果驗證過程中出現了意外的結果，也不需要氣餒，因為這或許就是突破的契機，如果能夠透過這個意外，發想出更完善的主意，並在反覆驗證中逐漸完善、成熟，那麼這個意外反而會創造出新的知識，促成科學的進展。也就是說，意外在科學上並不是災難或是失望，反而是受歡迎的！美國科學史學家暨哲學家孔恩在《科學革命的結構》一書中指出，科學進步過程中存有這樣的意外發現，才能突破典範或窠臼，提升科學知識！

本書一共分為八個章，除了上述的三章之外，還有其他五則歪打正著的科學意外故事。這些故事所涉及的領域和案例極為寬廣，其中有我們常聽到的，也有不常聽到的。每一章都是由非常會講故事的科學家撰寫或整理而成，除了將常聽到故事講述得更淋漓盡致外，那些不常聽到的故事也相當引人入勝。不論這些故事你有沒有聽過，相信這本書都能帶給你無比的啟發。

這本歪打正著的科學意外，講述的雖然是科學家們意外出錯、擺烏龍的黑歷史，但每則的結局卻都是以驚喜取代擺烏龍所帶來的懊惱與挫敗。在閱讀的過程中不僅可以替規律平淡的生活帶來樂趣，也能隨著內容的文字，一步步地瞭解科學進步的本質與科學研究的方式，是絕對值得一讀的好書，因為你將會獲得許多意料之外的驚奇喜悅！

臺大科學教育發展中心主任

于宏燦

序

意外的科學發現

科學史當中充滿了「意外」發現的故事。阿基米德在澡盆裡悟出浮力原理大概是最有名的一個。這個故事被後世傳頌不絕，因為它包括兩重對比。一方面是泡澡這一日常享受與重要科學原理的對比；另一方面是偉大的科學家居然會放浪形骸、裸奔街市。

牛頓見到蘋果從樹上掉落，因而悟出重力原理，也有同樣的對比。根據一位牛頓晚年才認識的友人所述，一天，牛頓在他家花園裡憶起將近六十年前的往事——那是1666年夏末，牛頓才二十三歲，他坐在自家果園中，正在沈思，……

重力的觀念來自一粒落下的蘋果。為什麼蘋果總是垂直落到地面上？他自忖。為什麼蘋果落地的位置不會偏左或偏右？蘋果也不會向上飛？理由是，是地球將蘋果從樹上拉下來，一定是這樣——有一種力，叫做重力，充斥於宇宙之中。（1752年出版）

這個故事與阿基米德的裸奔構成另一對比：牛頓太冷靜了。可能是因為這個故事是牛頓親自說的，而阿基米德的故事則是後人的追記。不過在傳述的過程中，後人還是為蘋果的故事踵事增華，添上戲劇性的細節：牛頓在蘋果樹下陷入沉思，被落下的蘋果「當頭棒喝」，因而覺悟重力原理云云。

到了十九世紀上半葉，意外的科學發現有了新的意義：用以說明「科學」這種求知事業的成功祕訣。第一位以考察科學史為方法界定「科學」的學者，是達爾文的老師——劍橋大學教授威廉．惠威爾。達爾文在《物種原始論》的書名頁中引用了兩位學者的話以壯聲勢，第一位就是惠威爾，可見他的學術地位。

1837 年，惠威爾出版《歸納科學史》，指出重要的科學發現無不以「明確而深思熟慮的點子」為前提——我們比較熟悉的詞是「理論」。當時一位匿名書評者相當不以為然，並且直截了當指出：「科學史上許多重大發現都是意外的產物。」他甚至認為，儘管大家熟知的那些意外發現都是偉大科學家的「妙手偶得之」，但是他相信，即使才智並不超群的人也能利用同樣的意外推動科學的發展。

三年後，惠威爾在另一本書裡答覆了這位評論者：沒有一個科學發現完全起源於意外。而且大家津津樂道的「意外發現」從未發生在一般人身上；

自古以來不知有多少人見過自由落體，例如果子從樹上墜落，但是只有牛頓將意外的觀察轉化為成果斐然的結論！

這大概是西方學界針對科學本質的第一次辯論，最大的成果並不是產生共識，而是使感興趣的學者察覺到：「意外」這個詞過於籠統。阿基米德、牛頓的發現在什麼意義上是出自「意外」？達爾文的天擇理論，根據他的自述，啟發的靈感來自閱讀了馬爾薩斯的《人口論》，這是意外的發現，還是偶然的邂逅？我們講述那些意外發現的故事，使用的往往是機會、巧合、幸運、運氣、隨機等詞，那是因為修辭的需要，還是有什麼特殊用意？

其實，「歷史只是一連串偶然事件的後果」大概是最古老的史觀。它最有名的表述方式，大家都以為出自巴斯卡的《沈思錄》：

如果克麗奧佩脫拉的鼻子短了一點，世界就會不一樣了。

巴斯卡的原文是雙關語，翻譯不出來。他要表達的是，克麗奧佩脫拉的面孔改變了地球表面的政治版圖，如果克麗奧佩脫拉的鼻子短了一點，使得她的長相不一樣——她對於歷史的影響也就會不同。但是，即便解開了雙關語，讀者也可能難以領會巴斯卡的微言大意。原來他並不是在點評流行的史觀，而是指出人性的一個弱點，因為他真正的論點是：

想知道人多麼愛慕虛榮嗎？只消觀察愛情的因與果就成了。愛情的因，誰也說不上來，這個說不出名堂的東西——顯然毫無特色、微不足道——卻會顛覆整個地表：王公大人、軍隊、整個世界。

對於科學家巴斯卡而言，凡屬「說不出名堂的東西」，必然就「毫無特色、微不足道」。想來李莫愁絕不會同意：問世間情是何物，直教生死相許！

到了十九世紀下半葉，關於意外發現的討論變得更為細緻。1800 年 4 月，伏打宣布發明「電池」的論文寄達倫敦王家學會。5 月 1 日，兩位倫敦學者便組裝了同樣的電池做實驗。有趣的是，伏打報告的重點在於電池產生的電流對於生物身體的「震撼」，而倫敦學者的觀察重點在於產生電流的裝置——電池。因此他們立即發現了伏打完全沒有注意到的現象：「電解」。電流可以將水分解為氫與氧。而自古以來，人類都認為水是基本元素！這算是意外的科學發現嗎？

伏打發明電池，在歷史上有跡可循，也許不算意外。可是電池產生的電流有什麼性質與功用，過去的學者甚至無從想像。電池等於打開自然奧祕的一把新鑰匙。進入全新的電流祕境中，人的任何行動都可能是發現的契機，無論是意外、還是偶然，甚至用不著特別傑出的才智。

但是涉及宇宙基本結構的理論就不同了，牛頓當年即使真的受到蘋果的棒喝，大概也無法真的參透重力原理。牛頓發明新的數學分析方法收納伽利略、克卜勒的成就，再以最新的天文數據驗證，花了近二十年時光。以「頓悟」描繪他成功的關鍵，是小覷了他面對的科學問題，也小覷他的才智。

關於科學的本質，愛因斯坦一語道破，正好可以補充惠威爾的論點：

物理學是一個（思想的）邏輯體系，那個體系一直在演進，它的基礎無法以歸納法建立。許多人以為在經驗中披沙揀金即可見寶，其實不然；那個體系只能是心靈的發明。(1936 年)

難怪意外，無論叫機會、巧合、幸運、或者歪打正著，都在科學發展過程中扮演過角色。它們會繼續創造佳話——以及時也運也命也的感嘆。

人類生物學者

目錄

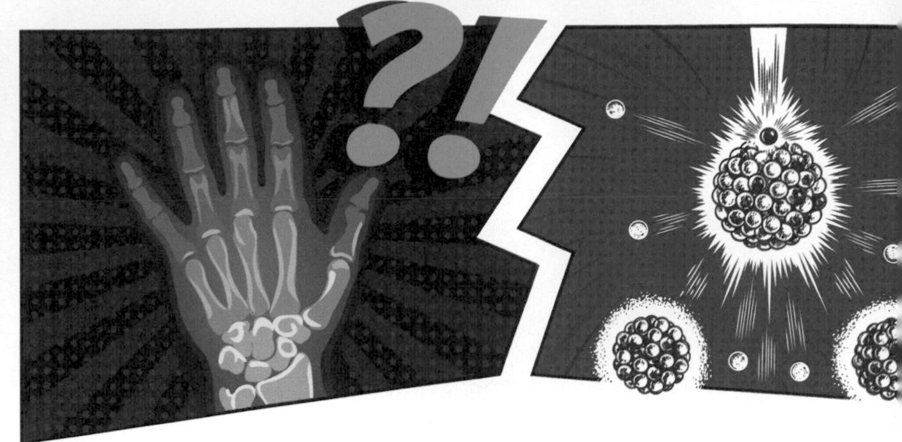

未知的未知——關於科學研究中意外發現的幾個理論思考

講者／加拿大多倫多大學科技史與科學哲學研究所副教授　楊振邦
彙整／趙揚光

想像一下，若你是一間番茄罐頭公司的老闆，當你們公司要決定明年度的總產量時，會需要考量哪些因素來預估產量呢？

你的手邊可能有一些已知的數據資料可以做為判斷的依據，如工廠的產能、協力農地的面積、市場調查資料、番茄期貨市場價格紀錄等。但在做決定時，除了已知的訊息外，可能還要考慮到一些未知的訊息，像是局部或短期的氣候變化可能影響番茄產量、銷售地區景氣的起伏，或是番茄罐頭的金屬材料價格波動等。這些隨機性因素所造成的影響雖然都是你還無法估計的，但卻能極大幅度地影響你的判斷。

然而，這些資訊的影響雖然是事先無法精準判斷的，但你在預估罐頭產量時，卻已經知道這些訊息或風險是存在且必須注意的。也就是說，你大概知道這些訊息的走向是什麼樣子，但並不知道訊息的確切內容。我們可以把這些「已經知道會影響但未知準確資訊的因素」稱作「已知的未知」。

如果你在 2019 年底依據這些「已知」與「已知的未知」資訊來進行番茄罐頭產量的決策，很可能無法預期到 2020 年有哪些突發事件。例如 2020 年初，從東非一直蔓延到中亞，甚至中國邊境的跨洲大蝗災，如此大規模的蝗災勢必會對農作物產生非常嚴重的影響；更別提嚴重特殊傳染性肺炎（COVID-19，以下簡稱新冠肺炎）對全球社會與經濟活動帶來的巨大衝擊了！與前述的「已知的未知」是可以提前推測的不同，這些突發事件在發生之前，我們甚至連「我們不知道這樣的事情」都沒有意識到。

未知的未知

2001 年美國經歷了轟動全球的 911 恐怖攻擊事件，美國政府因而決定派兵攻打蓋達恐怖組織所在的阿富汗。在執行攻打阿富汗的計畫以後，美國緊接著將槍口指向了伊拉克。他們在沒有許多確切證據的情況之下，即堅定地認為伊拉克政府藏有大量毀滅性武器，而這項決策當然引起了國際上眾多的質疑聲浪。面對「好戰」的質疑，時任的美國國防部長倫斯斐 (Donald H. Rumsfeld, 1932～2021) 在記者會上說出了幾句「膾炙人口」的話：「有些事是『已知的已知』(known knowns)；有些事是『已知的未知』(known unknown)；也有些事是『未知的未知』(unknown unknowns)。」

想當然耳，倫斯斐此言一出，即被媒體嘲諷為「語無倫次」。而布希 (George W. Bush, 1946～) 政府即使面對排山倒海而來的批評，依然出兵攻打了伊拉克。雖然最終成功推翻了海珊 (Saddam Hussein, 1937～2006) 的獨裁政權，但也導致中東局勢惡化、美軍陷入戰爭泥淖，以及伊斯蘭國興起等問題，在國際間引起軒然大波。不過，若撇除掉地緣政治的情境，倫斯斐話語的內容其實提點到決策過程中，不同程度的不確定性會造成不同層次的風險。

倫斯斐所說的「未知的未知」，其實便是開頭舉例的番茄罐頭公司在預估次年度產量時，那些預期不到會突然發生的「意外」。這種「意外」在投資市場上則被稱為「黑天鵝效應」(black swan event)，它的出現是在一般的期望範圍之外，而且會對整個市場帶來極大的衝擊。

同樣地，在科學史的發展過程中，也常有很多發現是出自於意外，而這些發現最終也都確實造成了很重大的影響。像是電磁學當中的生物電或伏打堆，還有電磁效應、X 光、放射性以及中子的發現等，都是很好的例子；此外，像是醫學上一些新藥——如沙利竇邁 (thalidomide) 或是盤尼西林 (penicillin) ——的誕生，也都是源自於試驗過程中所出現的意想不到的效應。

科學的意外發現是巧合嗎？

科學的意外發現通常被科學家們當成是一種機緣巧合 (serendipity)。對於機緣巧合，他們的理解方式不外乎兩種：第一種是幸運之神的眷顧，一旦科學家在某個時間點運氣夠好，就能夠有全新且令人驚豔的發現；第二種是科學家本身的天分或洞見，像是古希臘數學家阿基米德 (Archimedes, 287 BC～212 BC) 在浴盆中靈機一動，頓悟出浮力原理的「啊哈！時刻」(eureka moment)。

科學發展階段的探究：發現脈絡與驗證脈絡

德國哲學家萊興巴赫 (Hans Reichenbach, 1891～1953) 在 1920 年代提出的「科學發展的二分法」，將科學的發展過程分成兩個範疇：一個是「發現脈絡」(context of discovery)，指的是在科學理論或科學主張的發現過程中，所發生的事情；另一個是「驗證脈絡」(context of justification)，指的則是當這個科學主張、想法或理論被發現以後，經過各式各樣的挑戰、檢驗及證明，最後成為比較扎實且廣受學界接受之觀念的過程。十九世紀的英國數學家威廉．惠威爾 (William Whewell, 1794～1866)，也曾將科學發現分成三個階段：第一個階段為發想時期，科學家必須發想出新的主意；第二個階段為提出論述，需要將這個主意、想法清楚地表達出來；第三個階段為驗證，此時必須評估這個想法的可靠性，使這個想法成為一個可以被廣泛接受的理論。若將上述兩種分類法進行整合，惠威爾所提的前兩個階段就屬於萊興巴赫的「發現脈絡」；第三個階段的驗證評估則與「驗證脈絡」意旨相符。

在二十世紀下半葉之前，主導科學性質思考與探討的，是強調「邏輯實證論」的科學哲學家們。在進行較系統性、觀念性或是科學哲學性的考察時，他們往往將重點放在驗證脈絡上，而非發現脈絡。他們認為發現脈絡沒有清楚的理路，只和個人的心理狀態、身處情境，甚至是運氣有關，這是非理性的。相對來說，驗證脈絡就有比較清楚的邏輯架構，必須經由一些經驗事實進行推導及歸納，以證實理論的正確性或者得到反證。對當時崇尚邏輯實證經驗論的科學哲學家們來說，唯有科學發展後半段，進行理性的知識探索的這個階段，才是科學哲學研究的對象；而科學發展前端的發想、發現過程，是不需要也不能有太多討論的。

這種主流觀點自二十世紀下半葉起逐漸轉變，不論是歷史學、哲學、社會學或人類學者，都對科學的意外發現有了不同的看法。對科學性質有興趣的人文社會學者們認為，追溯與分析科學的意外發現，反而可以讓人們更清楚地瞭解科學是如何運作的。因此近年來，科學發展的發現脈絡在科學性質的人文社會研究當中所扮演的角色變得愈來愈重要。

意外發現在科學發展裡的角色

要瞭解意外發現在科學發展裡的角色以及重要性，可分別從「科學意外在知識論上的意義」、「典範轉移與科學革命」、「產生意外作為常態研究的一部分」、「科學家與物質世界的共舞」這四個方向來談論及思考。

科學意外在知識論上的意義

二次大戰期間美國軍事科研的領導人萬尼瓦爾·布希(Vannevar Bush, 1890～1974)，在戰後寫了一篇標題為《科學，無盡的疆界》(*Science*: *the Endless Frontier*) 的報告給美國國會，並於報告中提出了他的主張：「科學就是永無止境的探索」。因為知識是無遠弗屆的，我們對這個世界認知的多寡，關鍵在於透過科學系統性地發現未知、產生新知。換句話說，發現新知是科學知識的構成要件之一。

世界上有很多事物或現象是科學家雖然不清楚實際答案，卻能大概推斷得出答案的形式，這種情況便是倫斯斐所謂的「已知的未知」。舉例來說，古希臘時期的天文學家們已有「地球是圓的」的共識，有了這樣的知識背景，便想要更進一步地知道地球的半徑有多長；二十世紀初的物理學家發現了電子之後，就會想盡辦法去求得電子有多重；2020 年造成全球大流行的新冠肺炎，在年初還尚未清楚病毒的型態時，科學家便已推測這種病毒是有傳染力且有致死率的，因此才會積極地想瞭解其傳染力及致死率有多高。

既然科學應是永無止境的探索，那科學家進行科學活動時，是用什麼角度去看待及切入前面提及的「未知的未知」呢？面對未知的未知，事先能掌握的資訊量比已知的未知資訊量來得更低，挑戰性則更高。但只要出乎意料地解決任何一個「未知的未知」、得到先前全然未知的訊息時，在知識方面就會有顯著地成長。

若我們以「知識論」的角度來理解科學活動，便會發現科學活動並不全然僅針對已知的未知來填補知識的空缺。發現一個未知的未知，在知識論上比填補一項已知的知識空缺更具意義及豐富性，能夠使世人對世界有更深入的瞭解。所以，意外發現在科學史上是很重要的！

P 型困境

美國哲學家布朗伯格 (Sylvain Bromberger, 1921～2018) 曾在 1980 年代出版的《*On What We Know We Don't Know*》一書中，闡述科學研究的核心目標，他認為該核心目標在於「解答問題」——

解答困難且具挑戰性的科學問題。

究竟何謂困難且具挑戰性的科學問題呢？布朗格柏歸納出了這類問題必須具備的三種特質：第一種特質是科學家並不知道這個問題的答案，畢竟若是已知答案的問題，就不必再去深入探究了；第二種特質是科學家知道的所有已知可能答案都存在著一些問題，甚至是完全錯誤，這會讓問題變得有挑戰性；第三種特質則是科學家不但不知道問題的答案，還難以想像科學問題的正確答案形式是什麼。這種科學家遇到科學問題時不知道答案、已知的可能答案皆錯、難以想像答案形式的情況，布朗伯格將之稱做「P型困境」(p-predicament)。

由於在P型困境中無法想像問題的正確答案及答案的形式，因此對於科學家來說具有很大的挑戰性，但相對地，當解答後所能夠產生的知識價值，也比純粹填補知識訊息的空缺來得大。對布朗伯格來說，解決P型困境的問題是科學研究的主要目標。

科學史上的意外發現，則是一種更具挑戰性的P型困境的展現！當意外發現一個事物時，不僅會因為無法對這個事物提出合適的解釋，而陷入P型困境，更會因為這種P型困境是無法事先預期的、未知的未知，而更難解答。也就是說，它比起一般的P型困境問題，在知識論上的挑戰性又更高了。但如果能夠解決這樣的問題，則代表在知識上所獲得的成就會更大。

透過知識論及布朗伯格的觀點，我們也能從哲學的角度來系統性地思考意外發現在科學史上的重要性。這樣的意外發現不僅是科學家憑藉天才洞見的靈光一閃，還能成為最終解決隨著該意外發現所衍生出來的各種疑難問題的線索，並因此取得更高的科學成就，豐富世人對知識的認知與理解。

典範轉移與科學革命

知識論的思考完全著重在以回答問題的角度來談論科學，然而科學除了是解答問題的知識外，也是結構分明的大規模研究活動。因此，意外發現在科學的結構中所扮演的角色，單憑知識論的觀點就不見得能夠完全解釋。

著名的美國科學史學家暨哲學家孔恩 (Thomas Kuhn, 1922～1996) 在 1962 年出版的《科學革命的結構》(*The Structure of Scientific Revolutions*) 一書，對幫助我們瞭解科學的發展有著劃時代的影響。孔恩提到的「典範」(paradigm) 觀念，外溢到科學史、科學社會學、科學哲學，再向外擴散至人文社會，甚至管理策略的研究。其廣泛的影響使我們在知識論之外，可以從孔恩的「典範轉移」(paradigm shift) 與「科學革命」(scientific revolution) 思想角度，來看意外發現在科學的發展中所扮演的角色。

在孔恩的觀念被普遍認同之前，學界對科學發展的主流觀點仍是以邏輯實證論來解釋。邏輯實證論認為，科學是所有經驗世界中的知識總和，而這些知識可以用邏輯性的陳述來表示。科學陳述的形式有兩種，一種是針對透過觀測得到的經驗事實進行陳述，屬於經驗層級；另一種則是針對較屬抽象層級的科學理論進行陳述。對邏輯實證論的學者而言，經驗陳述和理論陳述兩者之間的關聯是具有邏輯性的，亦即若有足夠的經驗陳述，便可以將這些經驗陳述進行邏輯歸納，建立出一個理論陳述。

進一步來說，科學理論在邏輯實證論中像是一個框架，其主要作用是概括觀察到的經驗事實。但是在科學發展的過程中，一定會有愈來愈多觀察到新發現的經驗，而經驗陳述也會隨著這些新的發現而逐漸累積，此時，若有經驗陳述與原本的理論陳述框架相違背時，則理論就必須隨之修正。經驗事實並不會改變，只會隨著時間推移而增加，比如觀察到電子或是觀察到細菌的例子，而這些經驗事實對於此一時代的科學家來說便是科學的基石，為日後的科學發展打下良好的基礎。隨著科學不斷發展，整個經驗事實的集合體會累積得愈來愈大，而科學理論就會隨著不斷增加的新發現訊息而逐漸修正、改變。

異例、典範轉移與科學革命

然而對孔恩來說，經驗陳述並非不會改變，反倒會被觀察者先入為主的觀念所形塑。他舉了心理學中一張著名的「兔鴨圖」(Rabbit-duck illusion)（圖 1–1）作為例子：當我們從某一側的角度看，是一隻兔子的頭與耳朵；但從另一側看，就變成了鴨子的頭與嘴。這張圖既能被視為一隻兔子又能被看做一隻鴨子，觀察者到底看到了什麼，就跟心裡面先入為主的觀念有關係！孔恩認為：經驗陳述是無法與理論陳述分開來談的，因為對於經驗的陳述會關乎於觀察者形塑的觀念，當切入的觀念不同，就會構築出相異的理論。也就是說，經驗陳述不能當做科學發展的基石。

▲ 圖 1–1　兔鴨圖

孔恩將主宰科學發展的核心概念稱為「典範」，基於每個典範之下所發展出來的科學則稱為「常態科學」(normal science)。一般而言，常態科學發展的過程就是不斷解決觀察、發現到的每個問題，但這樣的過程並非一路順遂。當遇上沒有辦法解決的問題時，懸而未決的疑惑會讓科學家陷入愈來愈嚴重的困擾，這種困擾被稱做「異例」(anomaly)，若異例的困擾愈來愈大，就會成為典範的危機。此時，如果常態科學的典範無法度過危機，就會被新崛起的典範所轉移、取代，以解決原來的危機。這一連串「典範轉移」的過程，稱為「科學革命」（圖 1–2）。

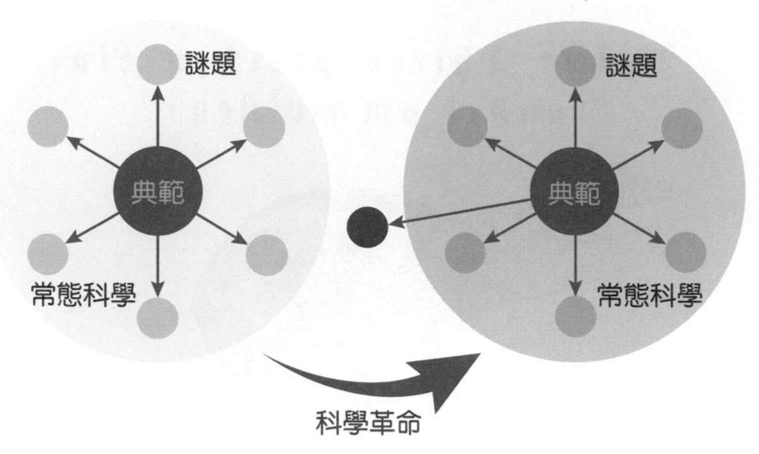

▲ 圖 1–2　典範轉移與科學革命的過程

在經過一次的科學革命後，又會有一個新的常態科學在新的典範下發展，如此周而復始。孔恩所提出的這個因革新而中斷，又據此再創新的科學理論，與當時主流邏輯實證論所認為的：科學發展脈絡是由經驗與理論不斷累積來推進的觀點相對立，為學界看待科學發展的方式帶來了極大地影響！其中最著名的科學革命案例，當屬物理學中對光性質的看法了，也就是由十七世紀牛頓 (Isaac Newton, 1643～1727) 等人提出的粒子光學，轉移至十九世紀所興起的完全不同想法——波動光學之過程。

意外發現在科學革命中的關鍵角色

科學發展的意外原本是一個不穩定的潛在來源，事先並無法預期。然而，當意外出現的異例對科學家造成困擾後，科學家會試圖透過修正現有的理論來解決，但若遇到修正理論也無法解決的狀況時，便有可能促使科學家推翻原先的想法，創造出一個全新的理論。舉例來說，過往的科學史有許多意外發現，諸如伏打堆、X光、胰島素等，其實都是促成一場又一場科學革命的契機，以致原有典範被顛覆，並成功地轉移至新的典範。

總結來說，意外發現是一個具破壞性的創新過程，在科學革命當中，扮演著極為關鍵的角色。

產生意外作為常態研究的一部分

以孔恩理論的觀點來看，意外發現的最大作用是造成異例、產生危機，促成典範轉移，進而產生科學革命中創造性的破壞。如果說意外發現在科學革命中扮演的是具破壞性、顛覆性的關鍵革命角色，有沒有可能也把它視為常態研究的一部分呢？換句話說，意外發現除了在科學革命的過程中發生作用，是否也能在常態科學發展當中產生作用？這是值得進一步探討的問題。

在某些情形之下，意外發現能夠發揮的作用並非侷限於體制外，在體制內的常態科學研究當中也可能發生作用！若對科學史的研究進行深入探討的話，會發現常態科學研究常透過各種安排及準備，試圖系統性地產生並探索意外發現，亦即想像中的意外「並沒有那麼意外」，而是成為了科學研究的一部分。

實驗系統的構成

如果要針對意外在常態研究裡所扮演的角色進行探討，不得不提到德國生物史學家萊茵柏格 (Hans-Jörg Rheinberger, 1946～) 所提出的「實驗系統」(experimental system) 理論。實驗系統可看做實驗研究裡的一個核心單位，一個實驗系統首先必須包含一種作為研究對象的特定實物，即所謂科學客體 (scientifitic objects)，例如要研究細胞，那麼這個細胞就是該研究的特定實物；其次，要有相對應的儀器、材料及操作技術，如要進行細胞研究，就必須具有顯微鏡、培養皿，以及擁有細胞培養的技術；除此之外，也必須有相對應的實驗室組織和分工，如在細胞研究中，不可免的需要一個實驗室，人員上則需要科學家本身、一些助理、技師及學生等組織分工；最後，實驗系統還包含了針對研究對象的觀念、假設或理論等偏向想法的部分，即科學家對這個細胞的看法、欲解決或發現的問題為何等。

生物學的研究常會用某一種特殊的動物或植物進行一系列的實驗，例如果蠅可以用來進行演化的研究、基因的研究、神經學的研究，甚至輻射對生物造成影響的研究等，這一系列針對果蠅的實驗，便構成了一整個實驗系統。透過深入研究某一種模式生物的實驗系統，便能夠以此為依據，去反映、推估其他生物的表現大致為何。

一個穩定的實驗系統構成，必須具有兩項重要的特性。第一種特性是：透過系統當中的儀器設備、材料技術、實作、實驗室組織與分工，必須能夠產生可複製的實驗結果，即實驗系統的「可重複性」(repeatability)。這項特性是做實驗的先決條件，因為若是同一個實驗每次得出的結果都不相同，如此不穩定的情形將無法歸納出結論。第二種特性是：必須要在不同的實驗中，得到不同於以往、乃至於出乎意料的結果，使得實驗系統能夠不斷產生新知，此即為實驗系統的「差異性」(disparity)。

可重複性與差異性兩者看似相互矛盾，實際上卻是相輔相成的。既需要在固定的背景環境正常運作時，能穩定得出相同的結果；也期待能在些微改變背景環境中的某些參數時，看到不一樣的現象。也就是說，在一個正常運作的實驗系統當中，意外發現其實是被期待出現的事物，如此一來，科學研究才得以推動與進展，而這些所謂的意外，其實是個「可以控制的意外」。從這個角度來看，探索意外發現已經被納入為科學常態研究的一部分。

意外發現如何嵌入實驗系統

二十世紀初，美國生物學家發現，菸草葉上的斑點病變是由菸草鑲嵌病毒 (*tobacco mosaic virus*)（圖 1–3）所致，並且在針對該種病毒的研究過程中，意外發現了菸草鑲嵌病毒是可以結晶的，而且此現象在實驗室裡就能發生。在二次大戰後，一位生物學家在以菸草鑲嵌病毒的實驗模式進行小兒麻痺病毒的研究時，意外發現了一些兩者相通的生化機制，因而便以菸草鑲嵌病毒作為研究小兒麻痺病毒行為的模式生物；分子生物學家在二十世紀後期，也利用菸草鑲嵌病毒來研究噬菌體的變化，並發現兩者有類似的行為。這一系列意外的發現，雖未造成科學革命，卻也代表了意外發現經常在常態科學的運作中被產生出來，並被應用於後續的研究中。

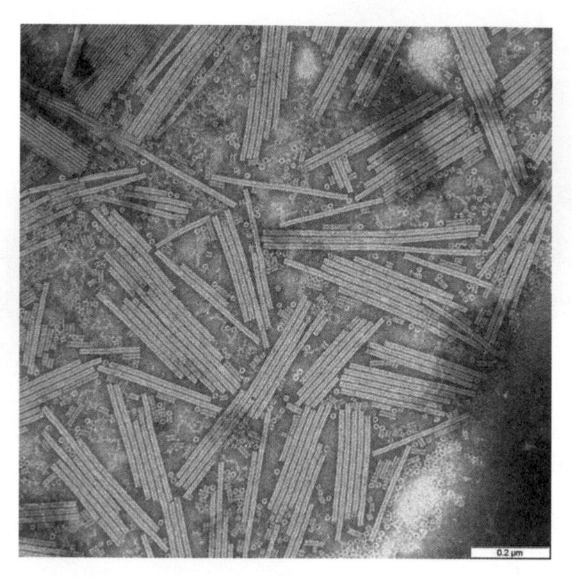

▲圖 1–3　電子顯微鏡觀察下的菸草鑲嵌病毒

另一個較為耳熟能詳的例子，是大型強子對撞機 (Large Hadron Collider, LHC) 的發展過程。位於瑞士的歐洲核子研究組織（European Organization for Nuclear Research，通常簡稱 CERN），在 2013 年經由大型強子對撞機驗證了希格斯 (Peter W. Higgs, 1929～) 所說的「上帝粒子」（希格斯玻色子，Higgs Boson）。這項初步研究結果被視為對粒子物理標準模型的有力驗證，然而，在 LHC 運作之前，許多物理學家期待看到的，反而是不同於此一標準模型的結果。從這個例子中我們可以得知，在這樣的實驗系統中，科學家們是希望能夠看到「預期中的意外」的，而且為了產生一個科學意外，甚至願意花費大量的金錢與人力。

探索意外發現並非只出現在實驗研究中，事實上在理論研究當中也有其影子，其中最知名的例子便是牛頓。在傳統的認知上，牛頓從觀察一些簡單的日常現象中推導出了科學理論，而且該理論適用在很多不同的狀況下，為古典力學奠下了基礎，因此古典力學也被稱為「牛頓力學」。但對牛頓有著深入研究的美國哲學家史密斯(George Smith, 1840～1876) 認為，牛頓力學並不是演繹科學，而是一個理論和觀察的遞迴過程。牛頓力學從克卜勒行星運動定律推導出了普遍的運動定律，以及重力的形式，並藉此解釋了地球的形狀、地軸偏轉、月球軌跡、土星及木星的衛星運行、彗星的軌道，以及潮汐等其他的天文現象。然而，牛頓知道天文觀測的實際資料與他理論的預測是會存在著差異的，但他並不會拒絕接受這些觀測資料，反而更期待這些觀測資料能出乎理論的預測之外，以便分析兩者之間的差異，進一步找出造成差異的機制，並以這些機制嵌入、或修正原來的理論，再依據修正後理論重新進行預測。在進行如此重複步驟的遞迴過程中，就會使理論跟實驗的差距變得愈來愈小，讓其所提出的力學理論更為精確。

科學家與物質世界的共舞

然而，科學不只包括知識、實驗及理論，同時也是一種人類行動。如果將科學從知識產生的條件擴展到科學家本身的行動，還有科學與社會的關係時，科學的意外發現又可以為人們帶來什麼啟發呢？

行動者網路

著名的法國社會學家拉圖(Bruno Latour, 1947～)（圖 1–4）所提出的「行動者網路」(actor-network theory) 這項科學社會學理論，其著重之處不在科學產生新知識的過程，而是聚焦於科學在廣義場域社會活動裡所扮演的角色。理論中劃定的場域可以是實驗室、講堂、大學或研究院，也可以更延伸地泛指公司、政府機構、議會、街頭等各種地方。事實上，場域不僅可以是一個地理位置，也能夠是一個抽象空間，而科學家就是場域裡的行動者。

▲圖 1–4 拉圖

拉圖指出，科學家在場域裡行動的目標可以是非常複雜且多元的，例如是提倡某個假設、宣揚某種理念、擴展自身的影響力、爭取研究資源，或者是帶商業目的推銷新技術以賺取商業利潤，甚至是想要改變或強化政府的某個現行政策、運作機制等。於這樣的一個場域當中，在活動的不是只有科學家而已，也包含技師、工程師、研究生、廠商、政府官員、農民、公民團體、民意代表等被牽連到的行動者。當科學家與廣大的社會接觸愈多、愈廣時，各種不同角色的行動者出現在該場域的機會就會愈高。科學家為了達成其目標，就需要與其他朝著相似方向，但擁有各自不同目標的行動者結盟，這些行動者的目標可以是減少環境汙染、活絡經濟發展等，此時的科學家就必須將這些行動者的目標與自己原先的目標融合，重新詮釋為自身新的目標，以便與其他行動者們形成同一個陣線。

非人類的行動者對網路建立造成效應

前述的過程，即為建立行動者網路的過程。然而，行動者網路理論存在著一個最有趣也最具爭議性的部分，就是拉圖並不只把人類、各種團體當成行動者，就連動物、植物、微生物，甚至是不具生命的石頭、土壤、電子、上帝粒子等科學研究物質，都視為行動者。拉圖將這些不具生命的科學研究物質稱為「非人類的行動者」，因為他認為，當科學家建立網路時，即使這些非人類行動者沒有自主性也沒有目標，卻依然會對科學家的行動造成影響。拉圖的理論並非假設「萬物有靈」——如電子、果蠅會有自己的意志——他將這些非人類視為行動者，主要的目的是要強調在人類行動的過程中，物質世界也會有所反應，「彷彿」它們有著自主性的行動。將非人類視為行動者，把物質世界對人類行動的反應納入考量，有助於讓我們瞭解在人類行動的過程中，牽涉到的並不只是人為社會的因素，同時還有其他種種物質世界的因素。因此拉圖認為，把動、植物及不具生命的物質納入行動者網路，是有其意義的。

舉例而言，如果人們在頻繁地震帶上的某個地方興建了一座核電廠，某一天，該核電廠因為發生了強震而導致核災事故發生，此時若從行動者網路的角度來看，可以說是科學家或工程師沒有妥善處理物質世界中的地質、地殼，對建造核電廠的行動所造成的反應。這便是由於忽視非人類行動者的反應，最終造成了災難性的結果。

拉圖的行動者網路可以讓我們換個角度理解人類行動與各種因素之間的關係。科學家行動的過程並不是單憑社會因素或是物質條件決定，而是由社會因素跟物質條件共同決定。換言之，當我們把「人和人的關係」與「人和物質的關係」放在同一個位階看待，科學家的行動即是由人類和物質世界的關係所共同決定。

在這樣的理論架構下，一旦物質對人類行動有意想不到的反應時，就是所謂的科學意外發現了！這樣的情況我們可以視為非人類的行動者反抗科學家原先的設定，而且其行動性特別明顯。對拉圖來說，科學的意外發現正好能夠顯現物質的行動性，因此特別重要。而科學家為了獲取成功，必須好好處理這些意想不到的發現，並適時調整原先設定，重新詮釋這些反應，再採取進一步行動來看反應有何不同，進而修正理論或觀點，試圖更接近真實。

法國生物學家巴斯德 (Louis Pasteur, 1822～1895) 在十九世紀提出了知名的「菌原論」(germ theory)，開創了細菌學這個領域。拉圖將巴斯德發現細菌並做出因應，提倡公衛、發展疫苗等行為，視為科學家與非人類的細菌，以及屬於人類所組成的政府、農民、公衛人員等行動者結盟，建立起社會網路行動的極佳案例。2020年的新冠肺炎流行，讓各界團結起來以降低肺炎疫情對人類社會的衝擊為目標，進行各個面向的串聯進而改變生活方式，也是一次行動者結盟的具體實踐。

結 語

科學史上層出不窮的未知意外，好比科學家想要發現 A，但他們卻從中發現了 B，也更沒想到這個 B 的發現，其實更具意義！這不僅為科學研究帶來了革命與創新，也為社會帶來了進步與變化。

前述四個關於看待科學意外發現的論點，相信能幫助我們更加釐清意外發現在科學發展過程當中的意義。它所扮演的「未知的未知」角色，象徵著科學發展的開放性、人類試圖駕馭物質世界的潛力，也代表著不確定性與尚待突破的侷限。意外發現不僅能夠替人類增加新知，還具有在知識論上突破困境、邁步前行的意義，並可藉其觀察科學結構的變遷，甚至可以從哲學、歷史學及社會學等各方向探索其涵義。因此，我們不能將科學意外視為一種單純好運或是天才洞見的結果，而是形塑科學進展的重要動力。

CH2 四種意外——斬斷光電磁糾纏在一起的哥丁結

講者／中原大學物理系暨研究所教授　高崇文
彙整／趙揚光

在科學發展的歷史上，有著不少看似偶然，實際上卻是有跡可循的意外發現，而這些科學意外的理論推導與證明過程可以細分為四種類型。在本章節我們將會介紹電磁學與光學中四個具體的意外發現實例，而當中的每一個實例都能各自對應到一種情境，並透過這些實例來闡明：科學中的意外，有許多是來自於科學社群在面對現有通行的理論或看法時，所產生的正面或負面的反應與挑戰。這樣的過程要說是「歪打正著」絲毫都不為過呢！

科學意外實例第一類型：
我要證明你是錯的，我成功了

伏打堆與動物電

賈法尼的動物電理論

科學家時常會懷疑一些當時廣為流行的科學理論或見解可能是錯的，並因此嘗試著去挑戰這些現存的理論。如果挑戰成功了，那不僅是一則大新聞，更代表著科學家們需要發展出新的理論來解釋這個發現。「動物電」(galvanism) 的發現與隨之提出的「動物生電」理論被推翻就是一個很好的案例！ 1791 年，義大利波隆那大學 (University of Bologna) 的解剖學暨生理學教授賈法尼 (Luigi A. Galvani,1737～1798) 在一次研究中，以帶電的解剖刀碰觸青蛙時，

發現已被肢解的蛙腿竟然會做出踢腿的動作，彷彿重新活了過來一般，這讓他大感驚奇（圖 2–1）。賈法尼在後續進行實驗的過程中進一步發現，當兩把由不同金屬製成的解剖刀碰上蛙腿時，也會導致蛙腿痙攣、抽搐。因此，賈法尼大膽猜測動物的肌肉是可以生電的，並將其命名為「動物電」。他甚至主張這是有機體，也就是有生命的物體才擁有的特性。

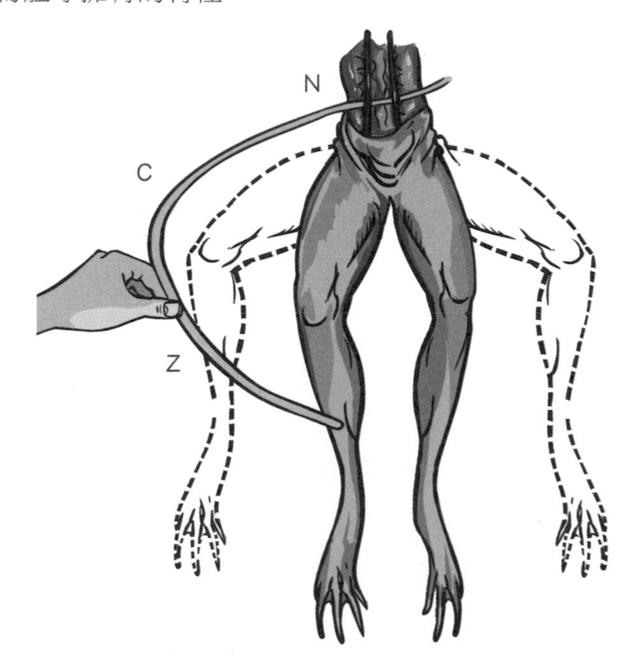

▲ 圖 2–1　賈法尼的動物電實驗

當時的歐洲以法國作為起點，開啟了啟蒙運動的風潮，對「生命源自靈魂」的說法感到疑惑的人們開始汲汲營營地找尋生命的動力來源，而動物肌肉生電的理論就正好搭上了這股風潮，在科學界引發廣泛的正面迴響。其中，最驚悚的一次公開示範是在倫敦，賈法尼的外甥喬凡尼．阿爾蒂尼 (Giovanni Aldini, 1762～1834) 對一具死刑犯屍體的頭部加以通電，結果死者的下巴竟然當著眾人的面前開始喀喀作響，甚至連眼睛都張了開來！更誇張的是，底下居然有一位觀眾被嚇得當場暴斃呢！聽說著名小說《科學怪人》(*Frankenstein*) 的靈感正是源自於這次的「表演」。

伏打的挑戰

米蘭附近的帕維亞大學 (University of Pavia) 的實驗物理學教授伏打 (Alessandro Volta, 1745～1827)，起初也同意賈法尼的觀點，並成功地複製了賈法尼的實驗，甚至還稱讚動物電的發現「在物理學和化學史上，是足以稱得上劃時代的偉大發現之一」！然而，隨著更進一步地深入研究，加上賈法尼不斷強調動物的肌肉產生電是生物獨有的一種現象，使得伏打對動物電的說法產生懷疑，於是他便開始嘗試尋求其他可以解釋這個現象的原因。伏打在實驗過程中特別注意到，如果使用由不同種類金屬製成的刀叉來進行實驗，效果會很好；但若是使用相同種類金屬製成的刀叉來進行實驗，則效果就沒那麼好。這樣的發現讓伏打不禁懷疑，也許所謂的「動物電」，其實是與刀叉間會產生電流有關。他首先去搜尋相關的論文，結果他真的找到了一篇五十年前的論文，裡頭有著與此現象相似的紀錄。原來早在 1750 年，瑞士科學家蘇爾澤 (Johann G. Sulzer, 1720～1779) 就曾發表過一篇論文，描述其分別將一片銀片及鉛片夾在自己的舌頭上，結果除了感到麻木外，還嚐到了一股奇特的酸味。這股酸味既不是銀片也不是鉛片的味道，因此蘇爾澤猜想，可能是兩種金屬在接觸時，金屬中的微小粒子產生振動進而刺激了舌頭，使其感受到酸味。由於這篇論文只是報告了蘇爾澤自身的發現，而且解釋也很牽強，因此發表當時並未引起大多數人的關注。

但當時在研究動物電的伏打，注意到了蘇爾澤論文中記載的實驗結果，與自己的觀察有著極為相似之處，於是伏打決定重複蘇爾澤的實驗。他以一枚金幣和一枚銀幣夾住舌頭，並用導線將兩枚硬幣連接起來，結果他感覺到了明顯的苦味。接著，他又找來一根較長的導線將金幣和銀幣連接起來，並將其中一端改移至眼皮上部，此時他驚奇地發現，在剛接觸到眼皮的一瞬間，眼睛居然產生了光的感覺。

經過幾次試驗之後，伏打察覺到不論是人類的舌頭或是青蛙的腿，都只是擔任電的導體和電流檢測器的角色。伏打的推論是：不同金屬接觸之後會產生電，不僅能夠使得青蛙腿抽動，也能夠刺激人的感官神經；也就是說，電並非由動物的肌肉產生，而是由不同金屬接觸所致。他為了驗證自己的推論，於是設計了驗電器，這種裝置可以檢驗微小的電流，比蛙腿的抽動或是舌頭的感覺來得更客觀。

在以驗電器再次進行幾次試驗之後，伏打對自己的看法變得更加有信心。最終在 1793 年，伏打公開反對賈法尼的動物電觀點，並積極提倡他所提出的「金屬電」理論。想當然耳，伏打的論點一出，立刻引發激烈的爭論，賈法尼也進一步進行試驗來作為動物電的佐證，試圖反擊。賈法尼將青蛙兩腿各一條切斷的神經互相連接，結果雙腿皆會產生抽搐（圖 2–2），藉以表明不需要外部金屬也能引起肌肉的收縮，並於 1794 年發表了《肌肉收縮中傳導弧的使用和活動》(*On the Use and Activity of the Conductive Arch in the Contraction of Muscles*) 這篇論文來進行反擊。

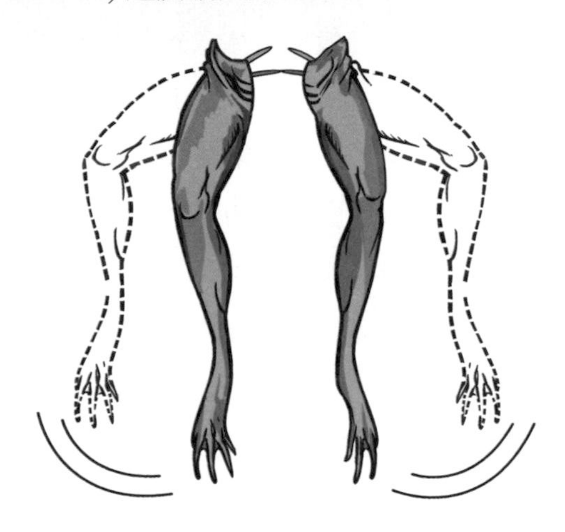

▲ 圖 2–2 賈法尼將青蛙兩腿神經互相連接，表明不需外部金屬也能使肌肉收縮

伏打堆給動物電的致命一擊

伏打心知肚明若要給予動物肌肉生電理論致命一擊，最好的方法就是製造出可利用金屬特性產生電流、不需倚靠生物的儀器。因此他用浸泡過鹽水混合物的布或紙板與鋅片、銅片相交堆疊，並以硫酸水溶液作為電解液，而頂端與底部則用導線連接，以便電流流經。他的實驗於 1799 年終於成功了！而這個裝置也就是我

們所熟知的世界上第一個電池「伏打堆」(voltaic pile)（圖 2–3）。1800 年 3 月 20 日，伏打在寫給英國王家學會 (Royal Society) 會長約瑟夫．班克斯爵士 (Sir Joseph Banks, 1743～1820) 的信中提到：「無疑你們會感到驚訝，因為我所介紹的裝置，只是用一些不同的導體按一定的方式交疊而成。將 30 片、40 片、60 片，甚至更多銅片（當然最好是用銀片）當中的每一片與錫片（最好是鋅片）接觸，然後在其周圍注滿一層水，當然也可以是導電性能比純水更好的食鹽水、鹼水等，或是填上一層用這些液體浸透的紙片或皮革等，……就能產生相當多的電荷。」伏打在得意之餘仍然持續嘗試著用不同的金屬來做實驗。他發現，一種金屬平時可以帶正電，而在與另一種金屬結合時又可以變為帶負電。經過多次的反覆實驗比較，伏打將金屬排出了序列：鋅、錫、鉛、銅、銀、金……。只要將這個序列裡排前面的金屬與排後面的金屬相接觸，前者就會帶正電，後者則會帶負電。而且這兩種金屬在序列中的排列相距愈遠，所帶的電愈多，產生的電流也愈強。

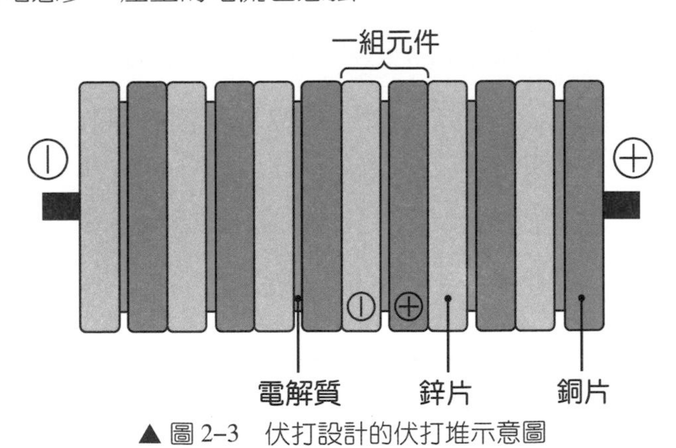

▲ 圖 2–3　伏打設計的伏打堆示意圖

在伏打發明伏打堆以前，電學實驗基本上皆是使用萊頓瓶 (leyden jar)❶來產生短暫的電流，伏打的電堆發明使人們首次獲得了較強而且穩定的持續電流。伏打最初的動機只是為了證明動物電理論是錯誤的，然而卻收穫了出乎意料之外的結果，如此看來，伏打堆絕對算得上是個歪打正著的意外。然而這個意外卻成為了電學史上的重要發明，讓科學家們從此將對靜電的研究逐漸轉向為對電流的研究，電磁學的研究也因此進入到了一個蓬勃發展的新時期（圖 2–4）！

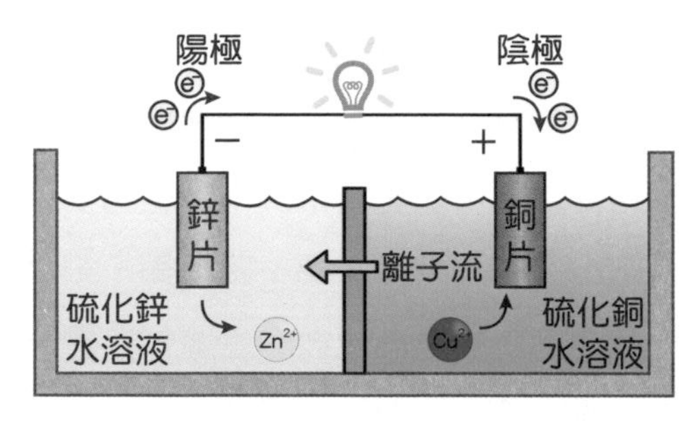

▲ 圖 2–4　由伏打堆演變而來的鋅銅電池示意圖

不過賈法尼與伏打的勝敗卻受到了非科學因素的影響。1801 年，時任法國第一執政的拿破崙 (Napoléon Bonaparte, 1769～1821) 邀請伏打到巴黎演講。伏打先後在 11 月 7 日、11 日以及 22 日發表了三場演講，地點位於革命後重新建立的法蘭西學術院 (French Academy) 內。拿破崙甚至還親自到場聆聽，因此兩人對彼此都留

❶ 為最早的蓄電裝置，是一種原始形式的電容器。構造通常由一個內外包覆金屬箔的玻璃瓶與一支金屬棒組成，金屬棒垂直立於瓶中，一端與瓶內金屬箔接觸，一端伸出瓶口。萊頓瓶能儲存靜電，成為電學實驗最早期的供電來源，是電學研究的重要基礎。

下了非常好的印象。不久之後，伏打不僅成了法蘭西學術院的海外院士，還獲得新設立的第六等法國榮譽軍團勳章，在 1810 年，伏打更進一步被拿破崙封為伯爵。而賈法尼的際遇則與平步青雲的伏打相反，他因為反對拿破崙而受到了冷落，最後抑鬱而終。

類似的意外

透過伏打推翻動物電理論的這個例子我們能夠瞭解到，科學家在進行科學研究時，絕大多數時候都是根據他人形塑出來的既有想法來思考及判斷是否正確，並且試著反覆驗證，以形成自身的看法或足以獲得廣泛接受的理論。事實上在科學史中，也有著不少類似的案例，例如傳說中著名的物理學暨天文學家伽利略 (Galileo Galilei, 1564～1642) 曾從比薩斜塔上丟出兩個不同種類，但是質量相同的金屬球，證明了亞里斯多德 (Aristotle, 384 BC～322 BC) 認為這兩個物體落下時間不同的學說是錯誤的。此外，伽利略也透過望遠鏡觀測金星的相位，以此證明托勒密系統 (Ptolemaic system) 是不可能成立的（圖 2–5）。

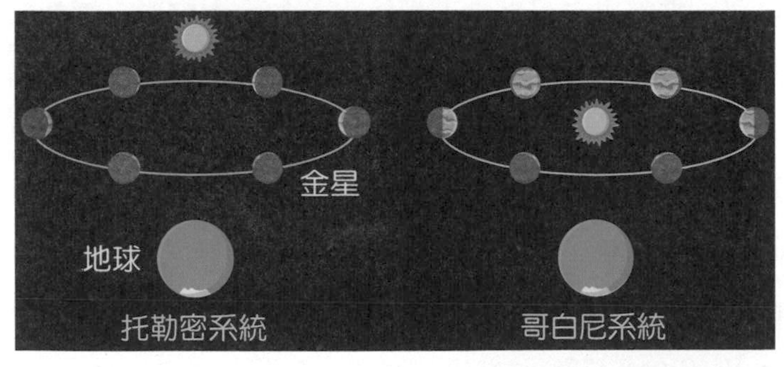

▲ 圖 2–5　托勒密系統與哥白尼系統中的金星相位

另一個案例是英國物理學家焦耳 (James P. Joule, 1818～1889)，他在 1845 年測量了壓縮空氣時所產生的熱量，得出熱功當量的值，證明了拉瓦節 (Antoine Lavoisier, 1743～1794) 於 1783 年所提出的熱質說 (Caloric Theory) 是錯誤的。只不過熱質說在當時十分流行，因此焦耳的實驗結果跟其他相關類型的案例一樣，必須花上很長的一段時間，才得以被普遍證明與接受。

科學意外實例第二類型：
我要證明你是對的，但卻不是你想的那樣

厄斯特與電流生磁

厄斯特與里特

伏打堆的問世為人們提供了穩定的電流，也帶動了電磁學的快速發展。電與磁在早期被人們認為並無太大關聯，要討論電磁學之所以興起的原因，就不得不提到丹麥的物理學家厄斯特 (Hans C. Oersted, 1777～1851)，他在伏打的基礎之上，發現了電流生磁的重要現象。而厄斯特能有如此突破性的想法，主要是受到康德 (Immanuel Kant, 1724～1804) 的「自然形上學」(Metaphysics of nature) 想法所影響，並且受到他在德國求學時結識的朋友里特 (Johann W. Ritter, 1776～1810) 的啟發。

康德在 1786 年出版了《自然科學的形上基礎》(*Metaphysical Foundations of Natural Science*) 一書，並在書中嘗試賦予牛頓力學系統一個先驗原理的架構。康德將物質運動的性質完全歸諸於一種「原初」(primordial) 的交互作用，認為物質和空間之所以穩定運行，是因為「吸引力」和相對應的「排斥力」同時存在。康德的自然形上學雖屬純思辨的哲學論證，卻影響了厄斯特對於自然界的看法，且康德於 1799 年，憑著自然形上學的探討而獲得了博士學位。

厄斯特隨後前往了德國留學，並在這期間結識了與他年紀相仿的里特，兩人都曾當過藥局的學徒，並精通化學。里特是一個非常有想法的人，當時的英國天文學家赫歇爾 (William Herschel, 1738～1822) 才剛發現了物體加熱後會放出紅外線，里特便想立即去尋找光譜另一端是否有類似的現象，結果他發現氯化銀在陽光下反應得特別快，就算把太陽光中的可見光全部擋掉也還是一樣，其實這就是紫外線的效用。

里特同樣受康德哲學影響甚深，並接觸到了萌芽於十九世紀初的「自然哲學」(Naturphilosophie)。自然哲學刺激了詩人們賦予世界生命和精神，為當時以機械論占據統治地位的思想界帶來一股新的思潮。此外，自然哲學也駁斥唯物論，這也暗示著所有對立的物理現象都應該包含在一個更基礎的原理知識之中。由於自然哲學缺乏明證與事實的支持，因此往往會被嚴謹的科學家視為邪魔歪道，但里特卻不這麼認為。里特隱約察覺到，當時最熱門的動物電、伏打堆、各種化學反應，以及如靜電、靜磁，甚至光與熱等的物理現象之間，都有著相互的關聯性。這樣的想法與自然哲學的觀點不謀而合，因此自然哲學對里特而言，無疑具有相當重大的意義。

為了證明這些物理現象之間的關聯性，里特開始進行一連串的實驗。可惜的是，里特的實驗手法似乎不夠成熟，雖然宣稱他發現地球有類似地磁的電偶極，以及他曾利用磁鐵成功地將水電解等，但這些實驗當時無人能夠複製（在今天來看也是子虛烏有），這使得里特的研究難以被大學接受，無法求得教職，而他也因此而失意早逝。不過，他那深信在電與磁的現象之間必定隱藏著某種關聯的信念，卻深深地影響了厄斯特。

出乎意料的電流生磁模式

厄斯特試圖將康德的哲學理念與當時突飛猛進的化學發展相結合，因此曾以康德提出的吸力與斥力理論，解釋各種化學反應、電與磁、光與熱的現象。他根據過去的科學紀錄，推測電流可以生磁，並沿著此思路設計了許多實驗。例如厄斯特曾在通電的導線旁放上磁針，觀察導線是否可以吸引磁針；他也曾將磁針放在含有電荷的萊頓瓶旁，但磁針依舊不為所動，實驗以失敗收場。

1820 年 4 月的某個晚上，厄斯特正開課為一般社會大眾講解電學。他在一個伏打堆的兩極之間接上了一條鉑絲，並於鉑絲正下方放置一個小磁針。當接通開關時，小磁針竟然會朝著垂直於導線的方向大幅度地偏轉（圖 2–6）！此時厄斯特才意識到，電確實能生磁，但這個現象僅發生在電流大小或方向改變的瞬間。

▲ 圖 2–6　厄斯特發現電流與磁針的作用

這個發現雖證明了厄斯特長久以來的看法是正確的，但它所帶來的影響卻是出乎厄斯特意料之外的，這是因為在向前的電流所產生的磁場為順時針方向，但向後的電流卻會產生逆時針方向的磁場（圖 2–7）。如果以一面鏡子來做解釋，就代表著鏡子裡的磁場方向與鏡子外是相反的，這其實與當時普遍認為宇宙萬物皆為對稱的觀念相違背，因此讓科學界又驚又喜。

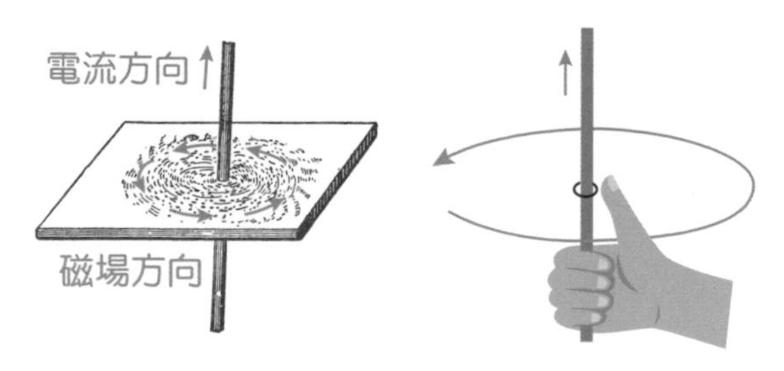

▲ 圖 2–7　電流與磁場的方向

厄斯特為了進一步釐清電流對磁針的作用，耗費了三個月的時間進行數十項實驗。他將磁針分別放置於導線的上方、下方、前方及後方，並畫出電流對各個磁針的作用方向；另外，也把磁針放在各種與導線不同距離的位置，考察電流對磁針的影響能力的強弱變化。接著，厄斯特將玻璃、金屬、木頭、石頭、瓦片、松脂及水等各種物質陸續放在磁針與導線之間，發現這樣的改變並不會對結果帶來影響。將前述這些實驗的結果進行整理後，厄斯特於 1820 年 7 月 21 日對外發表了報告，將這一個意外發展為系統化的電磁理論，為電磁學奠下了重要的基礎。而厄斯特也在該年，獲得了英國王家學會授予的最高榮譽——科普利獎章 (Copley Medal)。

類似的意外

除了厄斯特的例子，科學史上還有一些相似類型的意外。例如著名物理學家法拉第 (Michael Faraday, 1791～1867) 在 1831 年時，本著厄斯特的電流生磁概念，反過來發現了當磁通過的量有變化時，也會產生電流。但與當時法拉第本身的期待所不同的是，磁場變化僅會造成瞬間的電流，並非穩定的電流。

除此之外，1922 年的斯特恩 - 革拉赫實驗 (Stern-Gerlach experiment)，其原先設計的目的是為了驗證波耳 - 索末非原子模型 (Bohr-Sommerfeld model) 中的空間量子化，卻也意外地證實了「自旋」(spin) 這個非古典的自由度。依照波耳 - 索末非原子模型，當銀原子通過不均勻磁場時，磁矩的指向只能在 2L+1 的可能方向，而且 L 必須是整數；而根據古典物理的預測，銀原子的磁矩可以指向任何方向。然而，斯特恩 - 革拉赫實驗的結果卻發現，銀原子的磁矩只能有兩個方向，而且 L 是半整數 1/2。這樣的結果成為了電子自旋最早的實驗證據，但是正確的理論卻要等到兩年之後，才被包立 (Wolfgang E. Pauli, 1900～1958) 提出。

還有一個較為不同的例子。1934 年，物理學家費米 (Enrico Fermi, 1901～1954) 利用慢中子轟擊的方法，成功誘導了 22 種元素產生放射性。費米接著嘗試使用中子轟擊釷元素與鈾元素——由於這兩種元素均具有天然的放射性，因此很難判斷轟擊之後的結果。費米當時認為，這樣的反應之中應包含了新的元素，並暫時將這些新元素命名為第 93 號及第 94 號元素。當時的費米根本沒有意識到，原來這個反應便是核分裂（圖 2–8）！費米的例子也是種並非如事先所預期的意外。後來麥克米倫 (Edwin M. McMillan, 1907～1991) 也是以中子轟炸鈾的實驗方式成功產生出了第 93 號元素。

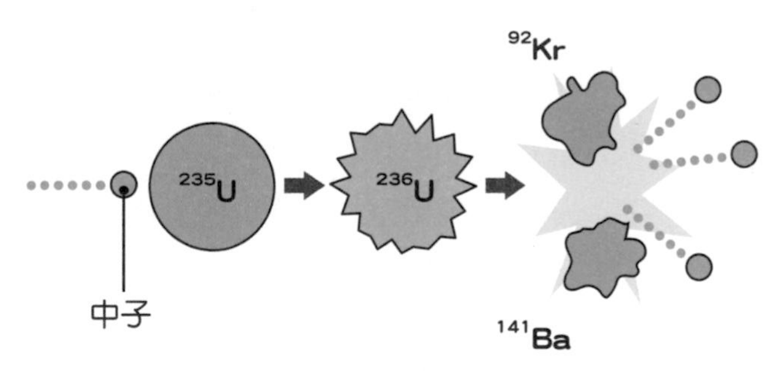

▲圖 2–8　鈾 235 的核分裂過程

科學意外實例第三類型：我要證明你是錯的，卻發現你是對的

帕松光斑與光波動說

牛頓的光粒子說

相較於前面兩種案例，第三種類型比較特殊，是要證明別人是錯的，但最後卻驗證了別人是對的！其中最知名的例子，是光波動說與光粒子說在漫長的爭論歷程中最戲劇性的一幕：「帕松光斑」(Poisson spot)。

1676 年，惠更斯 (Christiaan Huygens, 1629～1695) 開始著手撰寫他的光學著作《光論》(*Treatise on Light*)，並在書中提出了光的波動說，這是他一生中最著名的成就！惠更斯把「以太」(ether) 作為光傳播的介質，提出了「惠更斯原理」(Huygens' principle)。惠更斯原理認為：波前的每一點可以認為是產生球面次波的點波源，而以後任何時刻的波前則可看做是這些次波的包絡 (envelope)（圖 2–9）。藉由此原理，就可以給出波的直線傳播與球面傳播的定性解釋，並推導出反射定律與折射定律。

《光論》一書雖於 1690 年問世了，然而，惠更斯將光設想成以太中之縱波的假設，並無法解釋如雙折射或是極化等現象，使得惠更斯原理遭到牛頓反對。在經過一系列研究之後，牛頓首次使用

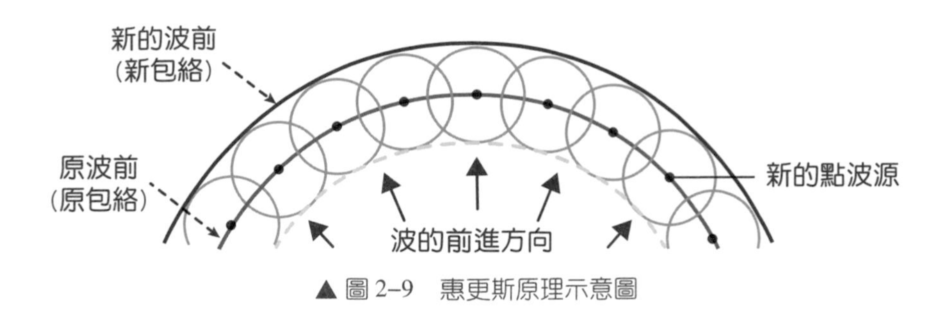

▲圖 2–9 惠更斯原理示意圖

粒子理論的定性，成功解釋了光可以偏振的事實，並進一步發展出了比惠更斯原理更受科學界歡迎的光粒子說。

1810 年，一位年輕的法國軍官馬呂士 (Étienne-Louis Malus, 1775～1812) 在光粒子說的基礎之上，更提出了極化的數學光粒子論，解釋所有已知的光偏振現象。也由於極化在當時被認為是粒子理論的有力證明，因此光粒子說在當時居於上風。

楊格與菲涅爾主張光是一種波

其實早在 1801 年，英國物理學家楊格 (Thomas Young, 1773～1829) 於發表的一篇題為《關於光與色的理論》(*On the Theory of Light and Colours*) 的論文中，就描述了光波的干涉和狹縫實驗，即知名的「雙狹縫實驗」（圖 2–10），透過此實驗便可證明光的波動性。楊格也將光波與聲波和水波進行類比，甚至開發了一個演示波箱來呈現水中的干擾模式。可惜的是，楊格雖然進行了令人信服的實驗，但當時的人們並不願意相信牛頓的觀點是錯的，因此楊格的研究工作沒有受到重視。楊格在回應一位批評者的信中寫道：「就像我尊崇牛頓的名字一樣，我沒有義務相信他是絕對可靠的。」他對自己的光學研究成果所得到的反應感到非常失望，甚至因此對物理學逐漸失去了熱情，轉而專注於其他領域，包含破解古代埃及文字。

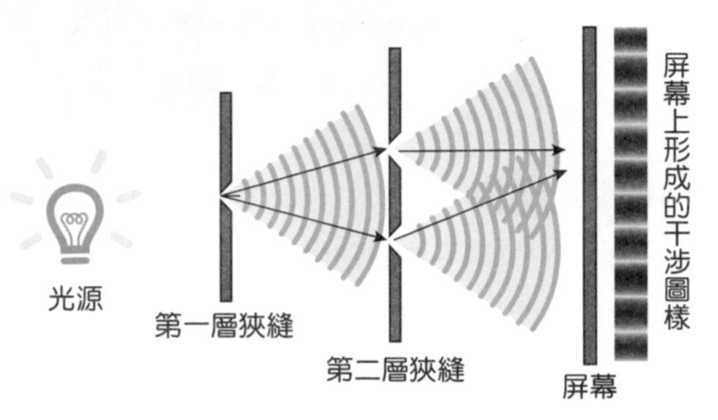

▲圖 2-10　雙狹縫實驗示意圖。右側黑白相間條紋即為光波在探測屏幕之干涉圖樣

不久後，法國科學家菲涅爾 (Augustin-Jean Fresnel, 1788～1827) 指出，光波應該是橫波，並藉此成功解釋了雙折射與極化等現象，補足了惠更斯原理的不足之處。1817 年，法蘭西學術院舉行了一次關於光的本性的最佳論文競賽，菲涅爾將光波理論對於光的直線傳播規律的解釋與光繞射理論的解釋進行整理（圖 2-11），並於 1818 年提交了論文。為了這次論文競賽，法蘭西斯學術院成立了一個評委會，評委會的成員中包含了阿拉戈 (François J. D. Arago, 1786～1853)、帕松 (Siméon D. Poisson, 1781～1840)、畢歐 (Jean-Baptiste Biot, 1774～1862) 和拉普拉斯 (Pierre-Simon Laplace, 1749～1827)，他們都是極力反對光波動理論的科學家。此外，評

委中的呂薩克 (Joseph L. Gay-Lussac, 1778～1850) 則是採取中立的態度。儘管評委會中的不少成員皆不相信菲涅爾的觀念，但他們最終還是被菲涅爾在數學上的巨大成功及其與實驗上的一致性所折服，將優勝授予給他。儘管如此，帕松卻還是無法接受菲涅爾的論文，因此他決定也進行實驗來提出挑戰。

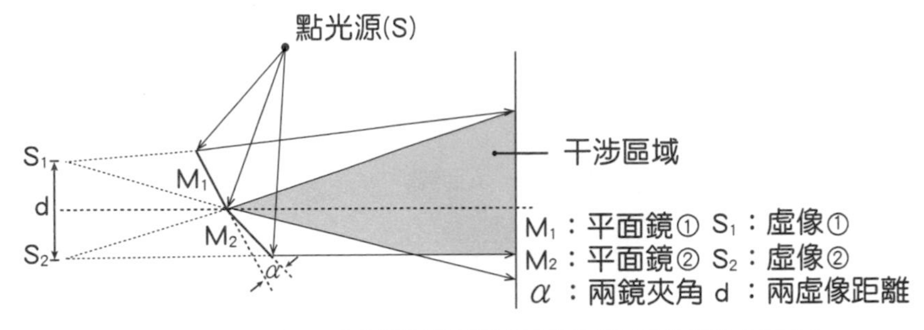

▲ 圖 2–11　菲涅爾透過雙鏡面進行光干涉實驗的幾何示意圖

帕松光斑的歪打正著

身為牛頓光粒子說的熱烈支持者，帕松藉助菲涅爾的波動理論，進行了更詳細的分析。他運用歸謬法進行推論：若光是一種波，當用一個圓片作為遮擋物時，光屏的中心會便出現一個亮點；若是改以圓孔進行實驗時，光屏的中心則應該會出現一個暗斑。推論出來的這個結果令人難以相信，因此帕松便把這個想法當做反對光波動說的鐵證。

令人意想不到的是，之後的事態發展急轉直下，菲涅爾得知帕松的推論後，便也跟著做進一步的精密計算。菲涅爾發現，當圓片和圓孔的半徑很小時，亮點和暗斑便會清晰可見。接著，菲涅爾和法國物理學家阿拉戈精心設計了一個實驗（圖 2–12），並在實驗中確認了這一亮斑的存在，如此一來反而更證明光波動理論的正確性！帕松原本要證明光波動說是錯誤的才提出這個推論，卻反而成為了證實光波動正確性的有力證據。為了紀念這個發現，科學家們便把繞射光斑中央出現的亮斑或暗斑命名為「帕松光斑」（圖 2–13），也有人稱呼為「阿拉戈光斑」(Arago spot)。

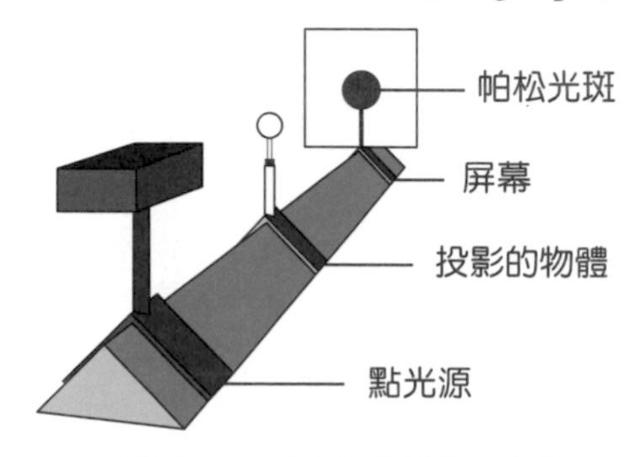

▲ 圖 2–12　帕松光斑實驗示意圖

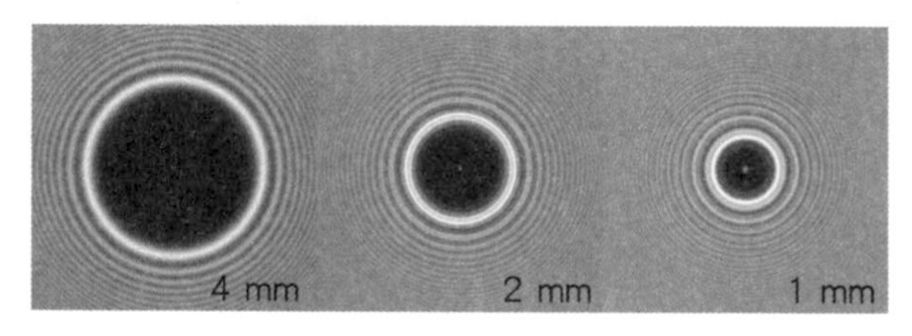

▲ 圖 2–13　由左至右分別為 4 mm、2 mm、1 mm 三種不同直徑圓片所做出的帕松光斑實驗結果

阿拉戈後來在查閱文獻時更發現，其實早在一個世紀之前，帕松光斑就已經被約瑟夫 - 尼古拉斯．德利爾 (Joseph-Nicolas Delisle,

1688～1768) 以及他的老師賈科莫．馬拉爾迪 (Giacomo F. Maraldi, 1665～1729) 各自在 1715 年和 1723 年發現了，只是當時並沒有人意識到它的重要性。

過了一段時間後，法國物理學家菲左 (Armand H. L. Fizeau, 1819～1896) 和傅科 (Jean B. L. Foucault, 1819～1868) 在 1850 年設計了測量光速的儀器，該儀器由光源、反光鏡、旋轉遮板和另一個固定在 35 公里外的反光鏡組成（圖 2–14）。當光源發出的光線由轉動的遮板空隙射至遠方的反射鏡再被反射回來時，只有在遮板具適當的轉速下，才能再穿過遮板而被偵測到。過去的光粒子說主張：光線的傳播速度在水中應比在空氣當中快；而光波動說主張：光線的傳播速度在水中應比在空氣當中慢。在經過長期的爭論之後，最終傅科透過實驗發現，光線在水中的傳播速度比在空氣中傳播來得慢，這樣的發現給予了光粒子說致命的一擊。

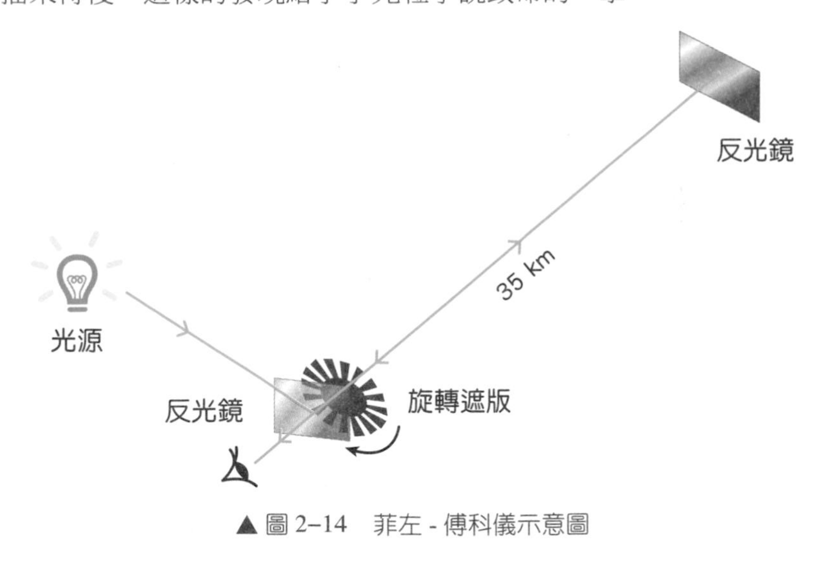

▲ 圖 2–14　菲左 - 傅科儀示意圖

類似的意外

科學史上這樣戲劇化的案例並不多，其中於近代最著名的例子是在 1970 年代初，發現「非對易規範場論」(Non-abelian Gauge Theory) 擁有「漸近自由」(asymptotic freedom) 的現象。在 1960 年代晚期，當時的科學家大多認為量子場論無法解釋強作用力 (strong interaction)。強作用力是讓夸克形成強子的作用力，這個作用力有一個神奇的性質，就是當夸克彼此間交換的四維動量平方很小時，作用力是很強的；然而當夸克彼此間交換的四維動量平方很高時，作用力卻變得很小，這個性質被稱為「漸近自由」。這是由於在深度非彈性碰撞中，四維動量平方很高的光子把質子撞碎了，使得質子看起來就像是一束近乎完全自由的費米子 [❷]；然而在靜止座標系中，質子卻是一個非常緊緻的系統，表明了其內部的作用力非常強大，夸克無法從質子分離出來。當時的量子電動力學恰巧與漸近自由的想法相反，當夸克彼此間交換的四維動量平方很小時，電子與光子的耦合係數很小；然而當電子彼此間交換的四維動量平方很高時，電子與光子的耦合係數會變大。當時的科學家相信，所有的量子場論都不可能會產生「漸近自由」的現象，也就是說，量子場論無法描述強作用力。但妙就妙在當理論物理學家努力試圖證明這件事的時候，他們反而發現如果一個規範場論 (Gauge Field Theory) 的對稱群是不可交換的非對易群 (Non-abelian group)，而且理論中的費米子種類在一定數目以下的話，便會產生「漸近

❷ 是一種自旋為 1/2、滿足狄拉克方程式 (Dirac equation)、沒有內部結構的基本粒子。

自由」的現象，而之前科學家所提出的量子色動力學 (Quantum Chromodynamics) 恰好符合他們發現的條件。這也是一個「我要證明你是錯的，卻發現你是對的」的例子。

科學意外實例第四類型：
我要證明你是對的，卻發現你是錯的

邁克生實驗與以太理論

菲涅爾的以太牽曳假設

那麼，科學史上是否有科學家是原本要證明他人的某個看法是對的，最後卻發現其實是錯誤的呢？當然是有的！其中最經典的例子就是美國物理學家邁克生 (Albert A. Michelson, 1852～1931) 的干涉實驗了。要敘述這個故事得先從 1810 年談起，當時的物理學家阿拉戈認為，稜鏡的折射率既然與光在玻璃內外的速度比有關，若把稜鏡放在望遠鏡的目鏡之前，那麼當來自不同方位的星光到達地球時，考慮到每道星光與地球的公轉速度夾角不同，依照速度相加律，就會使得地表看到的星光光速都應該不同，而透過稜鏡所產生的折射角也該有所不同（圖 2–15）。但讓阿拉戈訝異的是，此次實驗的結果並沒有看到任何不同，與他的期待不相符。

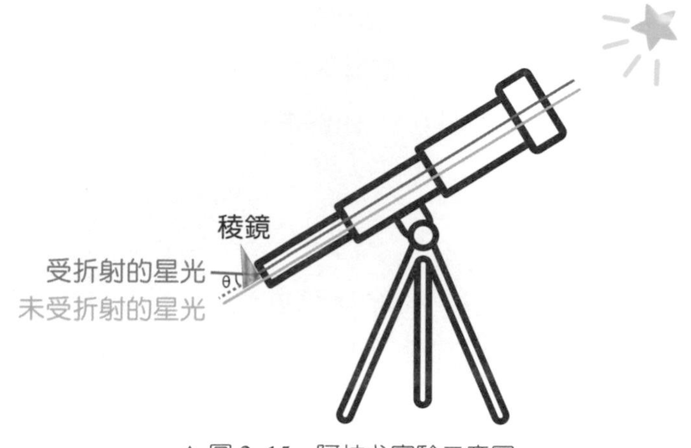

▲ 圖 2–15　阿拉戈實驗示意圖

1871 年，英國天文學家艾里 (George B. Airy, 1801～1892) 也進行過類似的實驗，他將望遠鏡管中灌入水，這樣得到的效果與阿拉戈的稜鏡類似。結果艾里也同樣沒有觀察到任何異狀，再一次肯定了阿拉戈的觀察。

讓人不解的是，第三任英國王家天文學家布拉德雷 (James Bradley, 1693～1762) 早在 1729 年，就觀察到同一顆星在不同季節的仰角會有所不同，並因此發現了「光行差」(aberration of light)[3]。會發生這種現象是因為，當星光隨著季節與地球公轉速度夾角有所改變時，從地球上看，星光的方向便會不同，如此一來，仰角自然也就不同了（圖 2–16）。但該理論推導出的結果與兩位科學家的實驗結果不符，阿拉戈的觀測與艾里的實驗皆未觀察到不同星光在

❸ 是指運動的觀測者所觀察到的光的方向，會與位於同一時間、同一地點，但為靜止狀態的觀測者所觀察到的方向有偏差的現象。

透過介質時，會產生不同折射角的現象。也就是說，在這背後想必還有更複雜的原因！

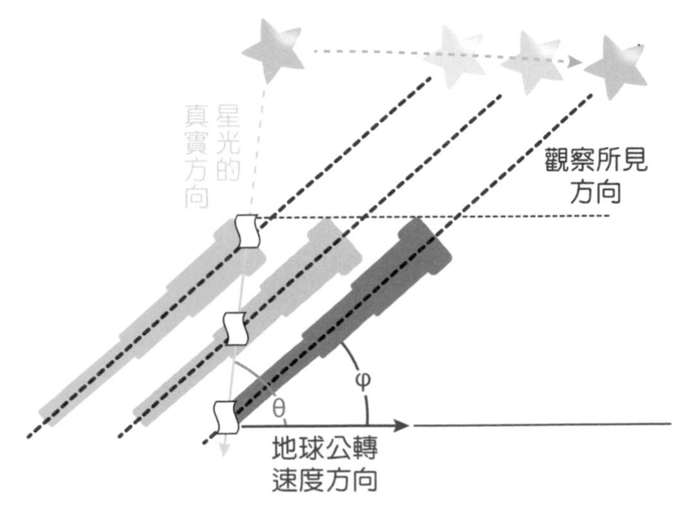

▲ 圖 2–16 布拉德雷對光行差形成原因的解釋

為了解決這個謎團，菲涅爾於 1818 年提出了「以太牽曳假說」(aether drag hypothesis)。此時，光具有波動性的這件事情已經被證實了，而光波在宇宙間傳播時，需要一種特殊的傳播介質，這個介質被稱做「以太」。菲涅爾假設：像稜鏡這樣的介質，在與以太有相對運動時，會牽曳部分的以太，由於光波是藉著以太來傳播，因此當在計算光於稜鏡中的光速時，必須將此效應考慮進去（圖 2–17）。

根據阿拉戈的觀察，菲涅爾提出以太牽曳的速度，是介質相對於以太的速度再乘上一個因子，計算的公式為：$(1-1/n^2)$。這裡的 n 指的是介質的折射率，這個因子會剛好抵銷因星光速度不同而造成折射率不同的效果。菲涅爾用以太的密度在介質中會變大來解釋此一公式。

值得注意的是，當 n = 1 時，牽曳係數為 0，亦即在地球大氣層中，以太並不會受到牽曳，所以星光穿過靜止的以太而到達地球表面時，地球公轉的運動便會產生光行差。以太牽曳假設不僅可以解釋光行差的現象，也能夠解釋阿拉戈在望遠鏡前放了稜鏡，卻沒有觀察到任何變化的原因。

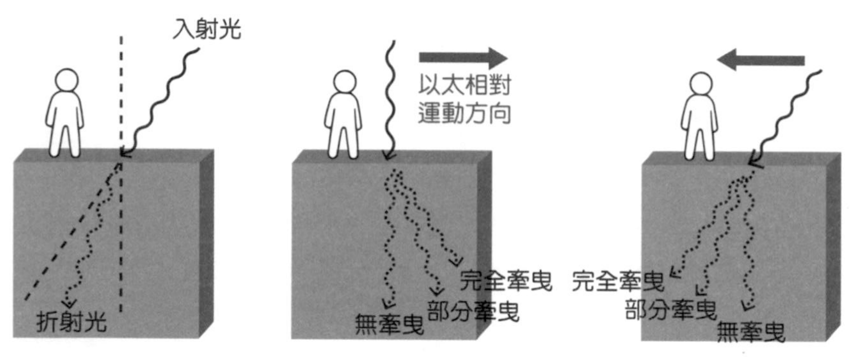

▲ 圖 2–17　以太牽曳假設的構想

對菲涅爾的質疑

1851 年，法國學者菲左讓光通過水管當中的流水，並透過巧妙的實驗安排，證實了菲涅爾的牽曳係數。菲左的做法是：將一束光分成兩束，其中一束總是順著水流方向傳播，而另一束則是逆著水流傳播。在通過水管後，兩束光線便會匯聚，並形成干涉條紋，而干涉條紋就可以用來分析水管中的光速（圖 2–18）。

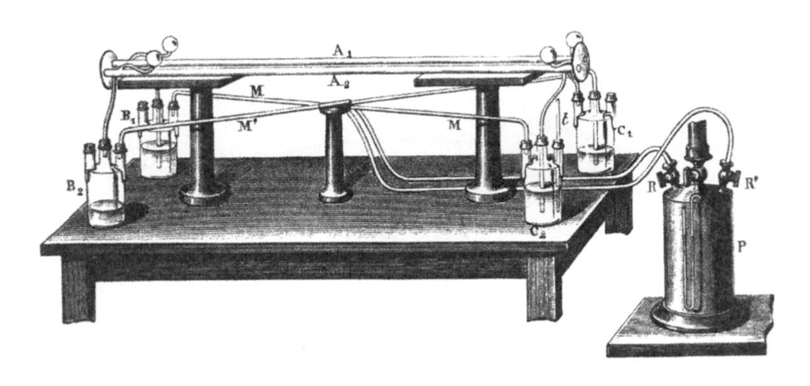

▲圖 2–18　菲左的實驗裝置圖

雖然菲涅爾提倡的牽曳係數已經得到證實，但是菲涅爾用以太的密度變化來推導的說法，卻受到了許多人的質疑，尤其當後來發現不同色光的折射率也不同時，這也代表著介質的以太牽曳速度對不同色光也是不同的。沿著這樣的邏輯推論便會產生一個問題：難道以太的密度對不同色光也是不一樣的嗎？面對這樣的疑惑，看似神祕的「以太牽曳」現象顯然需要一個更好的解釋來說服大眾。

菲涅爾遭受到的質疑還不只這一樁！我們知道，光幾乎可以在宇宙中的任何一個地方傳播，也就是說，以太必定充斥在整個宇宙空間。因為光速如此之快，要設計一個實驗來測量以太的存在與性質並非易事，所以最好的辦法就是利用地球在其公轉軌道上，以大約每秒 30 公里的速率繞日運行，而太陽也以更高的速率繞著銀河系中心運行的這件事實。在這個情況下，地球上必然能夠測量到迎面而來的「以太風」（圖 2–19），即菲涅爾理論中所提到的「以太與地球的相對速度」。

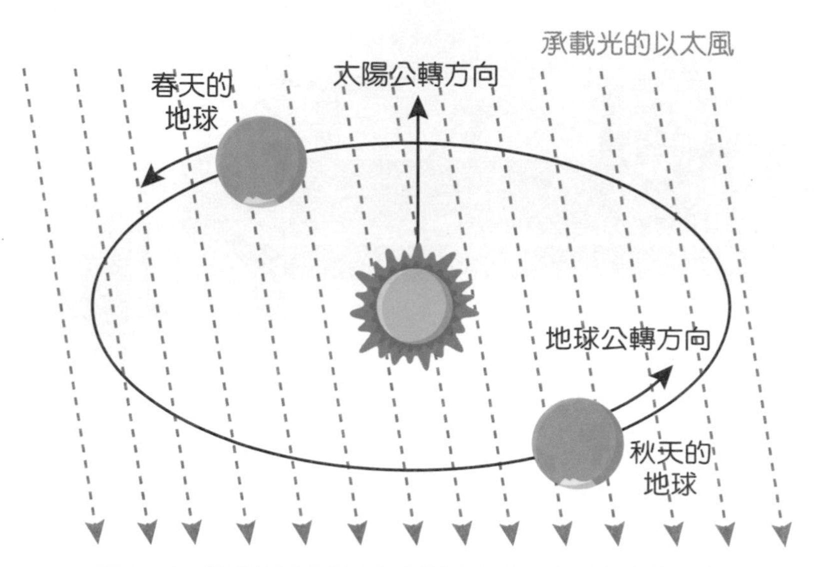

▲ 圖 2–19　假設地球移動時通過以虛線表示之承載光的以太風

不過，當時的實驗卻不曾量到所謂的「以太風」。雖說科學界認為，這可能是因為技術或是儀器還不夠精良的關係，但菲涅爾理論所帶給大家的困惑，依然存在著。

邁克生的干涉實驗始終量不到以太

有趣的是，當時與法國僅一水之隔的英國，其學界所盛行的卻是另一套理論。流體力學的先驅斯托克斯 (George G. Stokes, 1819～1903) 於 1845 年，主張在介質中的以太與介質完全沒有相對運動，因為以太應該會被介質「完全牽曳」；而在距離介質較為遙遠處的以太，則是保持靜止。他還假設以太是不可壓縮也不會旋轉產生旋渦的流體。

但這樣的看法，是否能解釋光行差？斯托克斯假設地球在軌道上行進時，地球周遭的以太也會以與地球相同的速度前進，但位於遠離地球處的以太則是靜止的（圖 2–20），如此一來便能夠解釋光行差了。然而，若這樣的假設屬實，那麼在地球表面就不可能測得以太與地球的相對運動。斯托克斯為了解決這個問題，針對其理論提出進一步的假設。他假設當以太進入介質時，其密度會變大；而再離開介質時，其密度則會變小。如此一來，該理論也足以解釋菲左的實驗了。

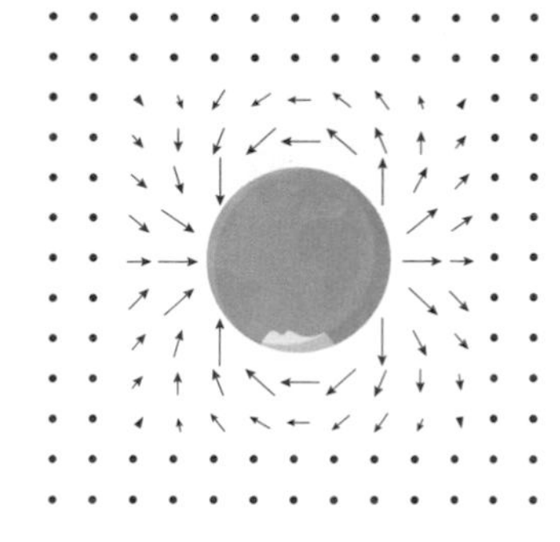
▲ 圖 2–20　斯托克斯假設以太隨著距地球遠近而產生的變化

從斯托克斯的理論來看，量不到以太風似乎是正常的，但美國物理學家邁克生卻認為，以太風是一定可以測量得到的！ 1881 年，邁克生利用高精密度的干涉儀（圖 2–21）來測量以太和地球的相對運動，並於 1887 年再與美國物理學家莫立 (Edward W. Morley, 1838～1923) 進行了一次更為精密的相同實驗。然而，不論如何提高儀器的精密度，卻依然無法測量到以太風，這樣的測量結果使得菲涅爾的以太牽曳假設再也站不住腳。原本想證明以太牽曳假設是正確的邁克生，卻在無意間推翻了菲涅爾的理論。但在邁克生與莫立於 1886 年改良了之前菲左設計的流水管實驗，並重新確認了菲左的實驗結果之後，接下來事情的發展簡直比推理劇更加離奇、更令人困惑。

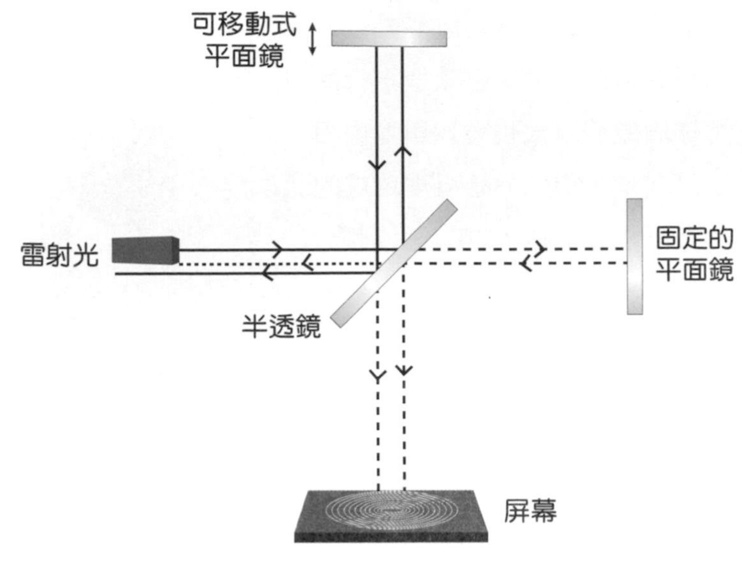

▲ 圖 2–21　邁克生的干涉儀

勞倫茲：以太完全不被牽曳

無法測量到以太風的結果，對支持斯托克斯理論的人來說，可算是一劑強心針，可惜好景不常，荷蘭物理學家勞倫茲 (Hendrik A. Lorentz, 1853～1928) 在 1887 年發表的一篇論文，倒是證明了斯托克斯對光行差的解釋是有問題的。勞倫茲在研究中闡明：「不可壓縮流的流速，在移動的剛體球周遭的旋度為零，而且在介面上與球同速」，這樣的條件在數學上是不可能的事！如此一來，以太完全被牽曳的理論就難以解釋光行差了。

事實上，勞倫茲甚至認為介質的運動根本不會造成以太的改變。總的來說，菲涅爾的論點是認為以太會部分被牽曳，斯托克斯的論點是認為以太會完全被牽曳，而勞倫茲則認為以太根本完全不會被牽曳。靜止的以太，再加上將電流當做是帶電的微粒子運動的想法，正是日後勞倫茲研究的基本思路。

勞倫茲相當擅於以電動力學的角度來解釋許多光學現象。他後來又發表了一篇論文，內容提出了電磁場與帶電粒子交互作用的拉格朗日函數 (Lagrangian function)，並且利用變分法推導出馬克斯威爾方程式 (Maxwell's equations) 與勞倫茲力方程式 (Lorentz force equations)。此外，他更進一步設想到介質中的帶電微粒會先吸收再放射電磁波，造成電磁波在物質中的傳遞速度變慢，如此一來便可以不需假設以太會被牽曳，卻能解釋出菲涅爾的牽曳係數。儘管這樣的理論可以解釋菲左的實驗、阿拉戈與艾里的實驗，還有光行差的現象，但他又該怎麼解釋邁克生 - 莫立實驗呢？

為了解決這個問題，勞倫茲提出了物體會在與以太有相對運動的方向上發生長度收縮的假說；而愛爾蘭的另一位物理學家費茲傑羅 (George FitzGerald, 1851～1901) 也曾於 1889 年提出類似的假設，因此這個假設在今日被統稱為「勞倫茲 - 費茲傑羅收縮」(Lorentz-FitzGerald contraction)（圖 2–22）。勞倫茲認為：這個現象來自於分子間作用力在物體穿過以太時所發生的變化，也就是說，分子間的作用力在本質上起源自電磁作用。而這個收縮就能夠讓邁克生實驗中的兩束光的光程差抵消，如此一來當然就量不到以太風了。

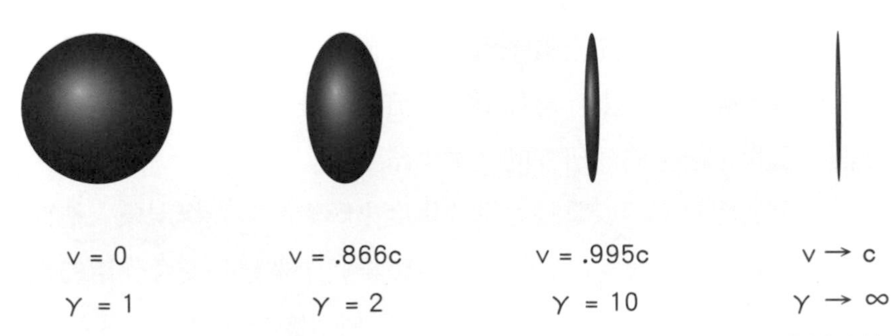

▲ 圖 2–22　勞倫茲 - 費茲傑羅收縮現象中，不同速度 (v) 下電子可能發生的情況 ($\gamma = (1-(v/c)^2)^{1/2}$)

1904 年，勞倫茲可說是集大成地提出著名的「勞倫茲變換」(Lorentz transformation)，用以解釋邁克生與莫立測量不到以太風的實驗結果。他主張在任何一個與以太做直線相對運動的座標系中，電磁現象都與在以太座標系相同。此外，他也主張不管是否帶電，物體的質量都會隨與以太的相對速度變化而改變，因為電子的質量是完全來自於其電荷所產生的電磁作用。再者，電子自身的大小與和其他電子之間的距離，在沿著相對於以太運動的方向會產生勞倫茲 - 費茲傑羅收縮。勞倫茲也發現，在非以太座標系統中，必須使用「局所時」(Local time) 來取代「時間」，而局所時會隨著位置的不同而改變。可以看出，勞倫茲的電磁理論與「電子」理論可以說是一而二，二而一地緊密結合在一起。勞倫茲本人因為解釋原子光譜在磁場下產生分裂的季曼效應 (Zeeman effect) 而獲頒了第二屆諾貝爾物理學獎。藉由季曼效應便可以得知電子的電荷與質量比。由於當時勞倫茲等科學家們相信，電子是唯一帶電的基本粒子，因此他們認為只要瞭解電子與以太，似乎就足以解釋所有的現象。

然而，讓勞倫茲頭痛的是「局所時」所代表的物理意義。龐加萊 (Jules H. Poincaré, 1854～1912) 是第一個賦予勞倫茲變換中的局所時物理意義的科學家，他在 1900 年的論文中描述了一個相對靜止時鐘的同步程序。當時由於鐵道交通開始暢通，在起點校準好的時鐘在到達目的地後卻往往不準了，所以如何校準移動物體上的時鐘成了一個實際的問題，而龐加萊的靈感便來自於此。在一個參考座標系中，同時發生的兩個事件在另一座標系中不是同時發生的，但是，龐加萊將移動時鐘的「局所」或「表象」時間與以太中靜止時鐘的「真實」時間區分開來。

愛因斯坦：根本沒有以太！

局所時的意義在愛因斯坦 (Albert Einstein, 1879～1955) 於 1905 年所發表的《論動體的電動力學》(*On the Electrodynamics of Moving Bodies*) 論文中就徹底地明朗化了。愛因斯坦指出，只要接受光速與光源運動無關以及相對性原理，就足以推導出勞倫茲變換，這也表示局所時的確就是物理的真實時間。在愛因斯坦的特殊相對論中，所有慣性系都是等價的，並沒有以太。在這個理論的觀點下，所有先前與以太有關的複雜力學剎那間灰飛湮滅，而且這一切也與特定的電子理論完全無關。換言之，愛因斯坦是從運動學出發改造了整個動力學，這當中也包含了電動力學；至於其他人則是從電磁理論出發，企圖建構出一個可以解釋所有實驗結果的具體模型。可以說，愛因斯坦「斬斷了哥丁結」，一舉讓長期困擾科學家的一團謎霧消散了！

現在我們回過頭來看愛因斯坦於 1905 年提出的論述，會發現他其實沒有執行任何新的實驗，卻透過改變思考出發點而否定了以太的存在，推翻且顛覆了人們當時既有的許多思考框架。愛因斯坦的大膽主張算不算是意外呢？套用路易十六 (Louis XVI, 1754～1793) 在聽到巴士底監獄陷落時所說的名言：

路易十六問：「這是造反嗎？」(C'est une révolte?)

拉羅希福可公爵 (François de La Rochefoucauld, 1613～1680) 回答：「不，陛下，這不是造反，而是革命。」(Non sire, ce n'est pas une révolte, c'est une révolution.)

菲涅爾關於以太的論證雖被證實是錯誤的，但德國物理學家勞爾 (Max V. Laue, 1879～1960) 在 1907 年仍使用了狹義相對論的速度相加律，僅使用一行算式就推導出菲涅爾的「牽曳係數」公式，至此關於光傳播的所有疑問都得到解答了。

類似的意外

類似以太學說這般演變的科學發展案例，其實並不少見，其中包括了 1983 年所完成的超級神岡探測器 (Super-Kamiokande)[4]，該探測器原本是要驗證 SU(5) 大一統理論 (grand unification theory, GUT) 中所預測的質子衰變。所謂的大一統理論是指仿效電弱理論將弱作用與電磁作用統一起來的做法，將強作用力與電弱作用統一起來。大一統理論有許多不同的版本，其中最簡單也最有說服力的是由哈沃德．喬吉 (Howard Georgi, 1947～) 和謝爾登．格拉肖

[4] 日本東京大學在岐阜縣飛驒市神岡町神岡礦山的廢棄砷礦中建造的大型微中子探測器。

(Sheldon L. Glashow, 1932～) 所提出的 SU(5) 理論。這個理論所預測的質子半衰期是 10^{31} ～10^{32} 年，但是神岡探測器卻發現，質子衰變的半衰期至少是 10^{34} 年以上，也因而否決了喬吉 - 格拉肖模型。有趣的是，神岡探測器後來變成了微中子探測器，不僅偵測到了罕見的超新星微中子訊號，也在研究大氣微中子時證實了微中子振盪的現象。

另外一個例子，是美國物理學家蘭姆 (Willis Lamb, 1913～2008) 於 1947 年，利用戰時發展的微波技術來測量氫原子能階。蘭姆利用磁場造成光譜線分裂，將 $2\ ^2P_{2/3}$ 裂成四條、$2\ ^2P_{1/2}$ 與 $2\ ^2S_{1/2}$ 各裂成兩條。$2\ ^2S_{1/2}$ 上的電子因為角動量守恆，並不會直接跳到基態 $1\ ^2S_{1/2}$。蘭姆原先希望在磁場中，利用微波讓 $2\ ^2S_{1/2}$ 上的電子跳到 $2\ ^2P_{3/2}$ 再跳到基態來決定 $2\ ^2S_{1/2}$ 的能量。結果蘭姆發現，當該電子內插回到零磁場極限時，$2\ ^2S_{1/2}$ 與 $2\ ^2P_{1/2}$ 能階存在著約 1,057 兆赫 (MHz) 的能量差，這樣的結果與狄拉克 (Paul A. Dirac, 1902～1984) 電子理論的預測大不相同，開啟了後續的再重整化 (renormalization) 技巧的發展。科學家也因此掌握了整體量子場論發展初期所無法處理的發散問題，讓量子電動力學成為第一個擁有預測力的量子理論，對物理學整體的發展可說是關鍵性的一步。

結　語

科學家從來不會滿足於用單一方法來求得解答，而是會尋找、衍生更多的方法來挑戰既有的理論，本章節中所介紹的四種意外皆是活生生的實例。有時候同一個物理量也可能因為使用方法的不同而得到不同的結果，這樣子的「意外」雖然沒有發生在電磁學與光學之中，但在別的領域卻是屢見不鮮，其中最著名的例子莫過於哈伯常數了。宇宙論中，哈伯 - 勒梅特定律 (Hubble-Lemaître law) 描述了遙遠星系的退行速度與它們和地球的距離成正比的關係，而兩者之間的比例常數就是哈伯常數 (Hubble constant)。歐洲太空總署 (European Space Agency, ESA) 的普朗克 (Planck) 衛星利用宇宙微波背景 (Cosmic Microwave Background, CMB) 輻射，得到的哈伯常數值約為 67.80 ± 0.77 km/s/Mpc，但是科學家利用哈伯太空望遠鏡觀測七十顆造父變星 (cepheid star)，所得出的哈伯常數值卻約為 74 km/s/Mpc，這個差異一直困擾著宇宙論學者。最近，科學家們利用重力透鏡所測量出的結果與後者所得出的數據較為相近，這個議題後續將會如何發展，相當令人期待。

《莊子》〈天下篇〉中說道：「悲夫！百家往而不反，必不合矣。後世之學者，不幸不見天地之純，古人之大體，道術將為天下裂。」有趣的是，物理學的發展恰好與《莊子》所述相反，百家道術所追求的正是那反映天地之美的唯一理論。正因為學者們各自秉持的「道術」之間存在著衝突與矛盾，才會使科學的追求變得如此趣味橫生、引人入勝。且讓我們拭目以待，看看百家的道術會帶領我們到何方吧！

撰文／臺灣大學物理學系教授　蔣正偉

傳說中國的古代有兩位神醫——扁鵲與華陀。這兩位據說都有所謂的「洞垣之術」，能夠看透人體，進而找到身上的病灶，甚至華陀因此能動外科手術，替病人治病。史書上雖如此記載，但從現代人的觀點來看，這些只是可信度不高的傳說罷了。現在科學既告訴我們，似乎不太可能「看」透人體，但也告訴我們，的確能藉由科技來透視人體。

在 2020 年，發生了一個令全世界都受到非常嚴重影響的事件——新冠肺炎的流行。肺炎檢查的一個重要工具就是 X 光片，圖 3–1 左邊是一個健康的肺部 X 光片影像，可以看到基本上肺的大部分都呈現黑色，意味著 X 射線可以幾乎完全地穿透過去。右邊的則是最近受到新冠肺炎感染的肺部 X 光片影像，可以看到肺的有些部分因浸潤而造成比較模糊的影像。這是利用現代的 X 光科技在醫學上幫助我們看透人體，來診斷病人病情的實例。

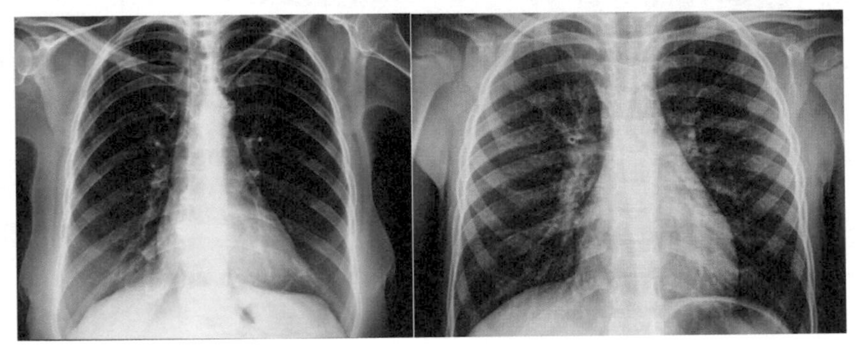

▲ 圖 3–1　肺部的 X 光影像，左圖為健康的肺，右圖為受到新冠肺炎感染的肺

現代科學能擁有「看」透人體的技術，來自 X 射線與放射性的發現，而這兩大發現都可以說是科學史上「歪打正著的意外」。

科學發現的必然與偶然

談及「歪打正著的科學意外」，就必須探討科學發展究竟有其必然性，還是有其偶然性或機率性。一般學習科學時，根據教材邏輯讓我們感覺，一旦某個觀念發展起來後，必定順理成章地導致下一個定律或事件的濫觴，而鮮少著墨於科學家研究過程中所遭遇的困難或者它的偶然性。所以有人說「科學可能是——而且也許經常是——被混淆 (confused) 和混淆人 (confusing) 的工作，在許多已發表的著作中所提出的邏輯發展，常常是作者事後諸葛編織而成的」[1]。因此後人在學習時，不見得能知道當初該研究發現的困難之處，或是其中的一些偶然性。事實上，在很多重大發現中，都牽扯到一定程度的幸運。

機運是一個很重要的因素，但也需要有經驗或有慧眼的人才能夠把握住機會。生物學家巴斯德就講過：「機運青睞有準備的心靈。」(Chance favors only the prepared mind.) 在物理學歷史上就有個經典的例子，他不僅是準備好而已，甚至可說是超前準備，那個人就是愛因斯坦。一般認為，就算不是愛因斯坦提出狹義相對論，

❶ Lawrence Badash, *Physics Today* 49, 2 (1996) 21.

可能過個三、五年，也會由另一個厲害的理論物理學家發現。然而，在愛因斯坦發表廣義相對論大概六十多年以後的一次研討會上，卻有人提出：「可以說如果不是愛因斯坦，廣義相對論至少再過五十年也不會被發現。」[2]愛因斯坦之所以能成為近代最偉大的科學家之一，除了機運之外，更重要的是他持續不懈的努力，在機會來臨前已經做好充足的準備，才能為科學界帶來突破性的進步。

十九世紀末物理學界的氛圍

讓我們先回顧一下，X 射線與放射性被發現的十九世紀末的時代背景。當代大部分的物理學家認為，那時的物理學——如今我們所謂的古典物理學——已幾乎可以完全解釋種種物理現象，其範疇大至天體的運行，小至原子、分子運動。有人因此樂觀地認為，大概天底下所有重要的物理學原理或者定律都已經被發現了。但這也帶出了另一項悲觀的問題：他們接下去要研究什麼呢？好像物理學剩下的工作，就只是透過實驗將物理中的常數量測得更精確一點，或許發現些許偏差，對定律做些小小修正，而完全不期待有全新的重大發現。

然而我們回頭來看，X 射線與放射性分別在 1895 年與 1896 年被發現，這兩大發現開啟了近代物理的黃金十年。在這兩個發現

[2] Yuval Ne'eman, *Impact of Science on Society* 29 (1979) 17.

後，緊接著的是 1897 年湯姆森 (Joseph J. Thomson, 1856～1940) 觀測到電子、1900 年普朗克 (Max K. E. L. Planck, 1858～1947) 對於黑體輻射提出了量子的解釋，最後是 1905 年愛因斯坦提出狹義相對論。十九世紀末、二十世紀初的物理學界，不僅沒有像當時科學家所擔心的，已經沒有突破性發現的空間，反而成為了各項重要發現的搖籃。這就是當時物理學界大致上的氛圍。

與 X 射線及放射性發現有關的技術

在討論 X 射線與放射性的發現之前，要先提及兩個相關技術，一是照相術的發展，二是鈾元素的發現。照相術大約始於十八世紀末、十九世紀初。起初，照相的底片非常昂貴且難以處理，一般人無法輕易取得，因而並不普及。到了十九世紀中葉，底片製作有了突破發展，所謂的「乾式照相版」問世。這種利用溴化銀跟明膠乳液所做成的一塊塊照相版，較傳統底片更為方便且容易取得，價錢還更為低廉，因此科學家得以將此技術引入實驗室應用。例如在進行顯微鏡或望遠鏡觀測時，利用照相版把影像記錄下來；或利用照相版記錄稍縱即逝的現象，如子彈飛行或者水滴飛濺的瞬間。「照相版」可以說是當時科學家常常使用的一種記錄實驗的方式。

至於鈾元素的發現要從 1789 年說起。德國分析化學家馬丁．克拉普羅特 (Martin H. Klaproth, 1743～1817) 在研究德國薩克森州

(Saxony) 的瀝青混合物時，發現了鈾元素——當然多年後的我們，知道他所發現的其實是鈾的化合物。後來，著名的法國化學家尤金．佩利格 (Eugène-Melchior Péligot, 1811～1890) 成功分離出鈾金屬，並成為門得列夫 (Dmitri Mendeleev, 1834～1907) 於 1869 年所提出的元素表當中最重的元素。雖然鈾是當時已知最重的元素，看似擁有特殊的地位，但在那個時代，跟其他的元素相比並沒有太多的應用，最大的用途僅用於製造有色釉料和有色透明玻璃。回顧整個十九世紀，人們很少有對鈾元素做系統性的科學研究。

X 射線的發現

什麼是 X 射線

X 射線事實上只是一種某個波段的電磁輻射，在強度上比紫外線來得強，但是比 γ 射線來得弱。在圖 3–2 中，上方的橫軸代表的是電磁波的波長，位於左側的射線波長較長，愈往右側則波長愈短。中間橫軸表示對應光子所帶有的能量，範圍從 1 個電子伏特 (eV) 到 1,000 萬個電子伏特。一般可見光的範圍大概位於最左邊，也就是能量相對較低、波長較長的波段（約數百奈米）；而能量再高些的射線就是紫外線；當光子能量大概高於 100 個電子伏特以後，就慢慢進入了 X 射線的範疇。須注意的是，上述每一種不同的電磁波段，中間其實並沒有明確的界線。

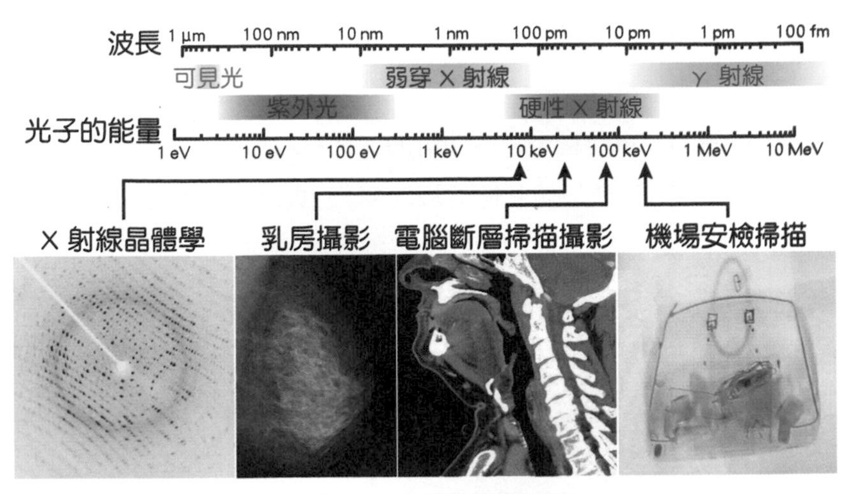

▲圖 3–2　電磁輻射波譜圖

X 射線中，可按能量高低分為硬 X 光和軟 X 光，比硬 X 光能量還高的射線就泛稱為 γ 射線。一般在醫學上或者日常生活中所應用的多是硬 X 光。例如物理學家用來研究晶體結構的 X 光能量約為 10,000 個電子伏特；能量再高一點的通常被拿來用在醫學上的檢查；而能量更高的則可以用在機場的行李檢查。X 光相對較鮮為人知的用途是被用來鑑定藝術作品。比方說畢卡索 (Pablo R. Picasso, 1881～1973) 有一幅很有名的畫叫做《藍色房間》(*The Blue Room*)。早在 1950 年代，收藏著這幅畫的展覽館有一位保管員在研究這幅畫時，就發現有些地方的筆觸以及整體布局，好像與畢卡索其他的畫作不太一致，他因此認為畢卡索可能是在舊的畫布上重新作畫，並且強烈懷疑這幅畫的底下可能隱藏著另外一幅畫。但在當時，大家並沒有仔細去研究這件事情。一直到 1990 年代時，才有科學家運用 X 光進行探測，結果的確發現，《藍色房間》的底下有另一幅畫的模糊影像。

X 射線的發現歷程是有些曲折的。從可以考證的歷史看來，第一位發現 X 射線的人似乎是英國的摩根 (William Morgan, 1774～1826)。早在 1785 年，他就向倫敦王家學會提交了一篇論文，內容描述若使電流流經部分抽真空的玻璃管，會產生輝光的現象，當時的他並無法解釋這個現象。就現在的我們看來，這些輝光應該就是由 X 射線所引發的。對於此現象，之後的戴維 (Humphry Davy, 1778～1829) 與其助手法拉第也曾研究過，不過一樣沒有提出一個正確的解釋。對此我們可以理解的是，當時電磁學理論尚未完全建立，甚至直到 1820 年前，都不知道電跟磁這兩個現象是有所相關的，更遑論有電磁波的概念。儘管摩根可能是第一位看到 X 射線引起輝光現象的人，但很可惜的是，由於當時的背景知識不夠，並沒有辦法理解這個現象。

陰極射線的發現

在 1870 年前後，英國的物理學家克魯克斯 (William Crookes, 1832～1919) 跟其他幾位科學家發明了所謂的克魯克斯管 (Crookes tube)（為最早的陰極射線管），見圖 3–3 左，圖 3–3 右為其結構示意圖。如圖 3–3 右所示，克魯克斯管裡面有一對陰陽極，連接到具有高壓的電源。在陰極上面的電子會受到陽極的吸引，脫離陰極往陽極射出，若在玻璃管陽極側的內部表面塗上螢光物質，則當從陰極射出的電子打到螢光物質時，就會發光。他們甚至在兩極之間放入一個障礙物，當電子射出後由於受到障礙物的阻擋，無法打到後方的螢光物質，便會在障礙物後方留下陰影。這個實驗證明有一種未知的射線會從陰極射出，並受到陽極的吸引，以直線的方式前進，如此才會在障礙物後方留下一個與障礙物形狀相似的陰影。

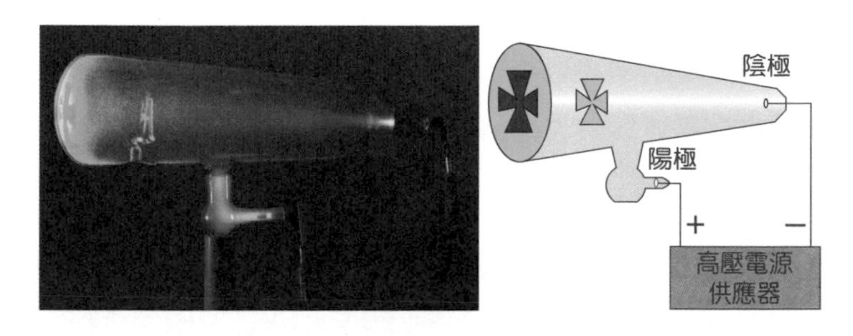

▲ 圖 3–3　克魯克斯管

後來，克魯克斯管就成為研究從陰極發出之陰極射線的一個標準配備（早期的電視映像管，原理其實就與此差不多）。克魯克斯製作出了這個克魯克斯管以後，就開始進行各種實驗。我們現在知道，克魯克斯實驗時所發射出的陰極射線中，大概有萬分之一的能量是被轉換成 X 射線，而其餘的則以熱量形式消散。所以原則上，克魯克斯當初如果仔細觀察的話，就有可能能夠發現 X 射線。但是依當時的克魯克斯管設計，他必須控制外加電壓，不能使其過大（要在 9,000 伏特左右），否則若電子加速後獲得的能量過高，很容易就會把對面的管壁融化掉。因為在這樣的電壓條件下產生的 X 射線強度非常小，也難怪他會錯過這個發現 X 射線的機會。後來在 1880 年，克魯克斯進一步改良克魯克斯管，開發出了現代 X 射線管的原型。新一代的克魯克斯管利用凹形陰極，將陰極射線聚焦到鈹鉑陽極上的一個點，此次的改良也在不知不覺中優化了 X 射線的產生率。

在這段研究期間，克魯克斯有時碰巧在克魯克斯管附近放置了一些照相版，並且發現這些底片居然莫名其妙地被感光了。可惜的是，他並沒有懷疑是因為克魯克斯管所造成的，反而是去跟底片公司抱怨品質太差，要求退貨。他因此又再一次與這個重大發現擦肩而過。

其他與 X 射線發現失之交臂的學者

大約與克魯克斯在研究改良克魯克斯管的同時，美國西岸的史丹佛大學有一位費南多．桑福德 (Fernando Sanford, 1854～1948) 教授，在 1886～1888 年間前往德國柏林跟亥姆霍茲 (Hermann V. Helmholtz, 1821～1894)，學習在真空管單獨的電極上施加電壓來產生陰極射線的技術，然後觀察這一類現象。他將那些技術帶回史丹佛後，在他的實驗室裡面新創了一個稱為電子攝影 (electric photography) 的技術，並將研究發表在 1893 年的期刊《物理評論》(*Physical Review*)。一個名為《舊金山考察家報》(*San Francisco Examiner*) 的刊物還為此刊登了一篇題為〈不用鏡頭不用光，以照相版替黑暗中物體拍照〉(*Without Lens or Light, Photographs Taken With Plate and Object in Darkness*) 的文章。這個可以完全在黑暗中幫東西拍照的技術，可想而知在當時是很驚人的一件事。很可惜的是，桑福德雖然發現了這個現象，卻沒有進一步地去理解造成現象的原因。

1890 年在美國東岸，賓州大學助理教授亞瑟．古德斯皮 (Arthur W. Goodspeed, 1860～1943) 的實驗室正好來了一位訪問學者——威廉．詹寧斯 (William N. Jennings, 1860～1946)。當古德斯皮在介紹他實驗室裡的一些設備時，就將照相版隨手放在克魯克斯管旁，並在無意間將兩枚硬幣留在照相版上，之後他也啟動了克魯克斯管示範給這位訪客看。等到第二天在沖洗照相版時，他發現這兩枚硬幣在照相版上留下了黑影（如圖 3–4 所示）。當他們看到這現象時，無法解釋也沒有去深究。後來，在古德斯皮知道倫琴 (Wilhelm C. Röntgen, 1845～1923) 的發現以後，還特地寫了一篇文章來描述他們之前所看到，可能就是 X 射線所造成的現象。

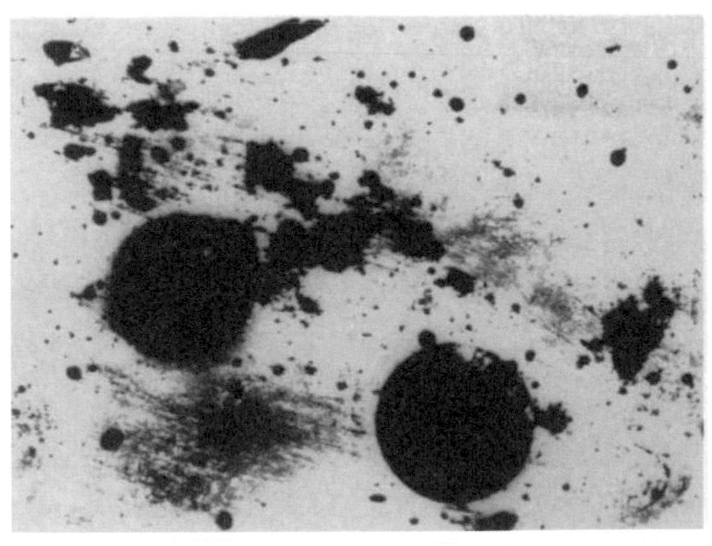

▲ 圖 3–4　古德斯皮意外看到的現象，硬幣在照相版上留下黑影

另一位與發現 X 射線擦肩而過的是德國物理學家菲利普．萊納德 (Philipp V. Lenard, 1862～1947)。在 1888 年時，他試圖要觀測來自陰極射線的高頻輻射。這是因為在當時，電磁學理論已經建立，馬克斯威爾方程式預測了電磁波的存在。所以除了可見光以外，當時的科學家在尋找是不是還有更高頻的電磁輻射。可惜萊納德一開始進行實驗時的真空度不夠，只產生了軟 X 射線，光子所攜帶的能量不足以打到克魯克斯管外面，所以即便在克魯克斯管外放了一些感光的晶體，但是並沒有 X 射線能夠使晶體發出螢光。經過五年後，萊納德成為了赫茲 (Heinrich R. Hertz, 1857～1894) 的助手。赫茲就建議他可以提高真空管裡的真空度，並加大電壓，使光子能量更高一點。為避免燒穿玻璃，萊納德把陰極對側的玻璃打了一個洞，然後換上一層很薄的鋁窗（為了紀念他，人們就稱這種改良後的真空管為萊納德管）。這時候他發現，X 射線可以在不燒破鋁窗的情況下穿透它，且會引發外面的硫化鈣磷光體發出螢光。這個實驗不僅證明了這些陰極射線（也就是日後所說的電子）在加速後的確具有一定的穿透力，而且即便被足夠厚的紙板擋下，有時後面的照相版還是會被曝光。對於發現此一現象，萊納德也只是感到納悶，並沒有提出解釋。另外，他僅進行了加大電壓的改良實驗，並沒有再以高真空度去重複 1888 年的實驗，否則他就有可能觀測到硫化鈣晶體被 X 射線激發出螢光的結果。有可能是因為赫茲在 1894 年 1 月 1 日突然去世，於是萊納德就中斷了這個實驗。

到目前為止，已經有好幾位科學家可能接觸到發現 X 射線的機會，但是卻都相當遺憾地錯失了。

倫琴發現 X 射線的故事

倫琴的生平

X 射線的發現者，威廉．倫琴在 1845 年 3 月 27 日出生於德國下萊茵省的萊納普 (Lennep)，是家中的獨生子。據說倫琴年少時即表現出對自然的熱愛，並喜歡在空曠的鄉村和森林中漫遊。此外，他特別擅長製造機械裝置，而這一才能也展現在其後來的生活中。倫琴在 1865 年進入荷蘭的烏特勒支大學 (Utrecht University)，一開始學習的是物理，但據說由於入學資格的問題，令他轉而考進瑞士蘇黎世聯邦理工學院 (Swiss Federal Institute of Technology in Zurich) 修習機械工程。在 1869 年獲得蘇黎世大學 (University of Zurich) 的博士學位後，被任命為其指導老師昆特 (August Kundt, 1839～1894) 的助手，並於同年與昆特一起前往德國烏茲堡 (Würzburg) 工作。三年後又轉往法國史特拉斯堡 (Strasbourg)，最終倫琴在 1874 年於史特拉斯堡取得了講師資格。

倫琴接下來輾轉到幾個學校任教，包括：在 1875 年被任命為德國符騰堡州 (Württemberg) 霍恩海姆市 (Hohenheim) 農業學院的教授；1876 年回到史特拉斯堡擔任物理學教授；1879 年成為德國基森大學 (University of Giessen) 的物理學講座教授；最後在 1888 年的時候，回到烏茲堡大學 (University of Würzburg) 擔任物理學講座教授。當時在烏茲堡大學還有另外兩位名人，一位是亥姆霍茲，另外一位則是路德維希．勞倫茲 (Ludvig V. Lorenz, 1829～1891)[3]。倫琴的研究方向在這個時期，大概是從亥姆霍茲跟勞倫茲那裡受到了一些影響，特別是亥姆霍茲認為應該存在有比較高頻，但肉眼看不到之電磁輻射的想法，讓他深深地著迷。但問題是要如何產生，以及如何驗證實驗產生的的確是一種高頻的電磁輻射？這個問題一直深深困擾著他。倫琴在 1900 年應巴伐利亞政府的特殊要求，接受了德國慕尼黑大學 (University of Munich) 物理學講座教授的職位，之後他的研究餘生都留在了慕尼黑大學。

倫琴的研究方向一開始並不是關於陰極射線或 X 射線。事實上他在 1870 年所發表的第一篇論文是關於熱力學，內容涉及氣體的比熱；幾年後，又發表了另一篇有關晶體導熱性的論文。倫琴的其他研究主題包括：石英的電和其他特性、壓力對各種流體的折射率影響、通過電磁效應改變光的偏振平面、水和其他流體的溫度與可壓縮性的功能變化、油滴在水面上擴散的相關現象等。

邁向 X 射線發現之路

倫琴研究生涯的一個轉捩點是在 1894 年。當年除了赫茲外，亥姆霍茲與倫琴的指導老師昆特也相繼過世。一年間失去三個摯友，對他有不小的影響。另外，倫琴於此時聽說了萊納德的實驗，他懷疑萊納德可能已經觀察到亥姆霍茲所想要尋找，那種肉眼不可

---

❸ 為丹麥物理學家，與發現「勞倫茲變換」的勞倫茲不同。

見的高頻電磁輻射。但他認為，這種高頻的電磁輻射是隱藏在陰極射線裡，於是他決定改變研究方向，轉而研究陰極射線。

一開始，侖琴購買了少量的希托夫 (Hittorf) 型陰極射線管[4]。根據萊納德傳記的作者所描述，侖琴曾寫信向萊納德請益，詢問實驗設備裝置的細節，希望能重複並驗證萊納德所進行的陰極射線實驗。侖琴甚至直接要求借取一個「可靠的」射線管。當時萊納德很大方的把這些技術統統都告訴侖琴，也借給他一個陰極射線管。在一年多以後的秋天，侖琴認為自己已經準備好，可以完全地重現萊納德當初實驗的結果。接下來他就下定決心，開始進行他想要做的試驗。

侖琴的計畫是：第一，要消除環境中多餘的光，這是因為高頻輻射產生的效應可能很微弱，不太容易觀測。他在家中地下室建了一個實驗室，並裝上了黑色的窗簾以遮蔽外界的光。其次，必須盡量降低真空管裡的氣壓，並盡可能提高電壓，以增加射線的強度。接著，必須要讓從陰極射線管所射出的陰極射線都能夠盡可能地被玻璃壁完全吸收，以減低雜訊。另外，由於陰極射線即使是打到玻璃上，也會產生微弱的螢光，為了要把這個雜訊擋下來，於是便將那一部分的玻璃塗黑。待一切準備就緒之後，侖琴開始進行實驗，觀察外面塗有螢光物質的螢光幕是否會發出螢光，如果有的話，很可能就是高頻射線所引起的現象。

❹ 構造基本上跟克魯克斯管很類似。

X 射線發現過程中最戲劇性的一天是 1895 年 11 月 8 日的下午，五十歲的倫琴在家中地下實驗室進行著陰極射線管的研究，試圖找尋亥姆霍茲所預測，具穿透力的、不可見的高頻射線。不像萊納德採用硫化鈣感光物質，倫琴改以鋇鉑氰化物 (barium platinocyanide) 晶體作為螢光屏幕的感光物質。這個螢光屏幕放置在克魯克斯管旁邊約 1 公尺多的距離。當電源打開的時候，倫琴正對著這個克魯克斯管進行觀察，而用眼角的餘光看到螢光屏幕上面有些微帶著淡淡的綠色、甚至有點虛無飄渺的光。隨著克魯克斯管不穩定的電源，綠光有稍微閃爍。接著，他把螢光屏幕移動得近一點，其上的綠光就變亮了，而移遠一點，綠光則變弱了。但大概移動到遠離克魯克斯管 2 公尺左右的距離就開始看不太到綠光。另外，他也試著在螢光屏幕跟克魯克斯管中間放上黑紙板、1,000 頁厚的書和木板，發現這些物品都無法把射線擋下來。

順帶一提，如果將螢光材料換成是萊納德所使用的硫化鈣的話，所產生的螢光亮度將會變得比較大，可以很容易觀測到。不過，這可能也是倫琴幸運的其中一個部分——他天生是紅綠色盲。色盲的人雖然在先天上對顏色辨識的能力比一般人來得差，但他們似乎對於亮光特別敏感。所以，即便沒有使用硫化鈣，倫琴對光的敏感度仍然使他成功觀測到微弱的綠色螢光。觀測到這有趣的現象使得他欲罷不能，那一天到了很晚才回到樓上吃晚餐。在草草吃完晚餐以後，也不跟妻子多說幾句話，就立刻回到地下的實驗室。他接著開始嘗試用不同的薄金屬板（鋁、銅、鉛與鉑）來屏蔽射線，結果發現只有鉛與鉑兩種金屬板，可以完完全全吸收來自克魯克斯管的輻射。因此，他認為這個射線具有很強的穿透能力，甚至連金屬板都可以穿透。另外，他用鉛板橫跨遮住屏幕的一半時，發現被擋住的這一半後面螢光幕是黑的，但沒有被擋住的另一半上則還是亮的，而且這個亮暗之間的分界非常銳利，類似於直線光束投射的清晰陰影。透過這個實驗，他證明了這種射線是以直線行進的。

倫琴接下來用手拿著一個鉛盤，將它放置到克魯克斯管的前面。在後方的螢光幕上，除了看到預料中的鉛盤影子，倫琴竟然還看到了自己手骨的陰影。他嚇到簡直不敢相信眼前所見的現象，於是決定用照相版，將眼前所看到的現象客觀而永久地記錄下來。在接下來的六個星期中，倫琴除了吃飯、睡覺外，整天都把自己鎖在實驗室裡，做著各式各樣的實驗。特別是，他在射線的路徑上放了不同性質、不同厚度的物體來觀察它們的透明度。最後在那一年的聖誕節前幾天，他把妻子安娜 (Anna B. Ludwig, 1839～1919) 請到地下的實驗室，進行了史上第一個 X 射線的人體實驗！他將妻子的手固定在感光版上方的射線路徑上約 15 分鐘，在感光版顯影後，就觀察到了妻子的手部影像。影像中清楚地顯現了她的手骨和所戴戒指的陰影，而手骨周圍則被肌肉的半影包圍。第一張所謂的倫琴圖可能因為還沒有經驗，感光效果不是很好，因此較為模糊。圖 3–5 為重攝後所流傳下來的第二張倫琴圖。據說看到這個影像以後，倫琴夫人驚恐地大叫：「我預見了我的死亡。」(I have seen my death.)

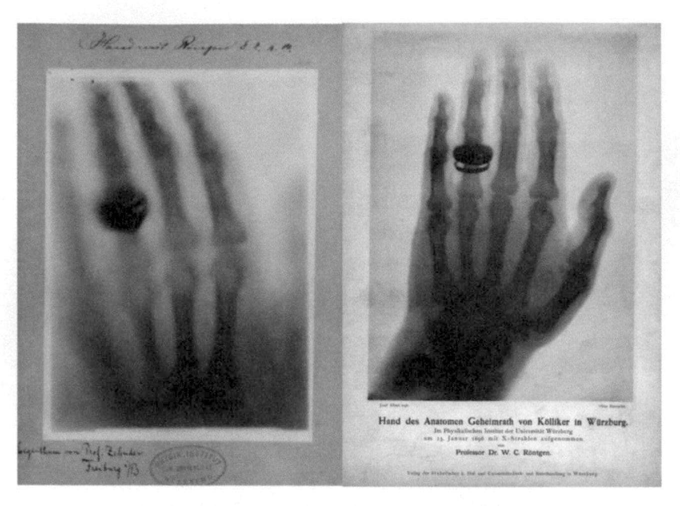

▲圖 3–5　倫琴妻子的手部 X 射線影像

在身體健康檢查或看牙醫的時候，我們都有照 X 光的經驗，所以對 X 光影像已經司空見慣。可是對當時的人而言，能夠看到自己的骨頭無疑是相當詭異的一件事，所以當倫琴一開始看到這種影像時，曾經一度懷疑自己是不是看到靈異現象。事實上倫琴會將這一現象與靈異有所連結也是不無道理的。因為在當時，世界上有許多科學家，例如上述的萊納德、克魯克斯、湯姆森，都在研究陰極射線，但為什麼這些人都沒有發現，而唯獨是他發現了這個現象？還有，他聽說過克魯克斯在觀測到陰極射線之前，因為其兄弟的過世而開始相信招魂術 (spiritualism)，甚至曾在一個降神會 (seance) 上看到發光的綠雲，這使倫琴不禁將所觀察到的虛無縹緲綠光與此事聯想在一起。再加上那一年，他正好失去了三個摯友。瞭解到上述的種種巧合，也不難理解為何倫琴有自己是不是看到了靈異現象的想法。另外，據說湯姆森也曾研究過靈異現象，所以倫琴不禁納悶，這一切到底是不是偶然？其他的科學家在研究的招魂術或者靈異現象，會不會正與他現在所看到的 X 射線有某種聯繫？骨頭陰影的影像是否可能正是克魯克斯一直在尋找的科學與招魂術之間的連結？

不過，倫琴所有的害怕、擔心，最後還是被「搶頭香」的念頭拉回現實──他想要成為第一個發現這個現象的人。然而，他也猜想到，或許其他人也有看到過這個現象，只是並沒有輕易發表。所以，他把自己鎖在實驗室裡，用六個星期的時間，想要盡量透徹地研究，然後一次將完整的結果發表，以奪得這個學術發表的頭香。

在 1895 年底，倫琴把所有資料整理好──包括他妻子手骨的照片，於 12 月 28 日將這份草稿交給身為烏茲堡物理醫學學會主席的好友凱爾．萊曼 (Karl B. Lehmann, 1858～1940)，希望靠著個人的關係讓萊曼協助將他的研究成果發表在醫學學會的學術期刊上。可惜的是，由於該論文沒有按規定在定期的會議上宣讀，且當時該期的期刊已經付印，所以並沒有成功發表。接著倫琴在隔年的 1 月 1 日開始寫信給所有他認識、在歐洲有知名度的醫生與物理學家，分享他的發現。當然，所有得到消息的物理學家都覺得很有趣，並且想要設法重現他的實驗。但真正引發轟動的是在醫學界，因為從倫琴夫人的手骨影像，大家發覺這在醫學上有著非常好的應用價值。在後來的 1 月 11 日，有位英國醫生的助手其手部不小心插進了一根針，於是該名醫生就先用 X 射線拍攝影像進行觀察，並於 2 月 14 日利用 X 光影像幫助他執行外科手術。

侖琴在 1896 年的 1 月時，發表了關於 X 射線的第一篇論文。此後在這一年當中，世界上總共發表了四十九篇與 X 射線直接相關的學術論文、一千多篇的一般文章來介紹 X 射線，特別是針對其在醫學上的應用。

X 射線的現代理解

在進一步的實驗中，侖琴展示這種新發現的射線是由陰極射線對材料的撞擊所產生的。由於還不清楚其特性，他稱之為 X 射線，當時的人們也把它稱做侖琴射線 (Röntgenstrahlen)。到 1912 年時，馬克斯．勞爾和他的兩個學生才真正以實驗進行分析，發現其實 X 射線跟普通的光同樣都是電磁波，差異只在於頻率的高低。

我們現在知道，在侖琴實驗中產生的 X 射線有兩種可能的來源。一種稱做特徵性射線 (characteristic X-ray)，另一種稱做剎車輻射（bremsstrahlung，又稱為軔致輻射或制動輻射）；前者來自於原子的較大能階躍遷所輻射出的電磁波，而後者來自於帶電粒子的減速。當初侖琴所看到的，事實上只有後者。以他當時的實驗設計來看，從陰極射線管打出來的電子，撞到大部分由矽原子所組成的玻璃或鋁窗時所產生特徵性輻射的能量，大概都不會超過 2,000 個電子伏特，這樣的能量是不足以穿透到外面去的，所以侖琴看到的並不是特徵性 X 射線。另一方面，當電子打到鋁窗的時候，瞬間被上面的鋁原子擋下來，所含的能量同時被釋放出來，這個能量的峰值大概為 2,000 個電子伏特的 10 倍以上。由於剎車輻射能量的高低取決於電子減速幅度之大小，因此電子在很短的距離之內，瞬間剎車停下來所產生的剎車輻射能量是足夠穿透陰極射線管的。如此產生的 X 射線跟實驗裝置外的螢光物質發生的反應，主要是透過光電效應激發螢光物質裡面的電子，然後放出螢光。

由以上的故事我們可以知道，倫琴發現 X 射線的過程有一些幸運的成分。首先，他懷疑萊納德在實驗中所打出來的陰極射線裡，就含有亥姆霍茲所要找的不可見的高頻射線。後來發現，其實 X 射線並不是藏在陰極射線中，而是由於電子撞到玻璃壁減速所放出來的高頻輻射。另外，他的紅綠色盲讓他對光特別敏感，所以可以觀測到實驗裡螢光幕上很微弱的綠色螢光。最後就是拍攝出他妻子的手骨影像。因為手骨的成分中，鈣大概占了 10%，與肌肉相比，鈣的光電子吸收率比較高，所以 X 射線打到鈣成分較高的部分會被吸收，而遇到肌肉的部分則可以穿透，因此才能得到如此漂亮的骨骼 X 光影像。

在倫琴發現 X 射線後，事實上他曾建議把螢光幕直接放在照相版上，可能可以增強照相版的感光，但可惜他最終並沒有這樣做。因為鋇鉑氰化物的晶體裡面，具有少許天然的鐳，而鐳也是一種放射性元素，能夠放射出 α 粒子，因此也會在照相版上留下影像。若倫琴有執行這項實驗，就有可能會發現接下來要提到的放射性。

放射性的發現

好事經常成雙，提到 X 射線的幸運發現，就會令人連帶地想到時隔沒多久後放射性的發現。事實上，在亨利．貝克勒 (Henri Becquerel, 1852～1908) 正式發現放射性之前的大約半個世紀，就有人幾乎可以發現其存在。

差一點就能發現的涅普斯

十九世紀初，有一位德國化學家阿道夫．蓋倫 (Adolph F. Gehlen, 1775～1815) 注意到，乙醚中的氯化鈾溶液暴露在陽光下時，會迅速從亮黃色變為綠色並沉澱。這個發現對於後來的照相術發展是一個很重要的基石，因為在 1850 年代，改進了黑白照相術的年輕科學家涅普斯 (Joseph N. Niépce, 1765～1833)，就是利用氯化鈾這種會因感光而改變顏色的特性而開發出彩色攝影。這位涅普斯曾經在貝克勒的父親亞歷山大 - 愛德蒙．貝克勒 (Alexandre-Edmond Becquerel, 1820～1891) 的實驗室擔任科學家，進行穿透射線的研究。他曾經在 1857 年時，觀察到即使在完全黑暗的情況下，某些鹽化合物也可能使感光乳劑曝光，而且他很快注意到，這種化合物其實就是鈾鹽化合物。

此外，涅普斯也認知到，使照相版曝光的既不是傳統的磷光也不是螢光[5]，於是他下了一個結論：即便鈾鹽暴露於陽光下很久，仍然具有使照相版曝光的能力。這個結論是一個非常重要的洞察，涅普斯的上司米歇爾．謝弗勒爾 (Michel E. Chevreul, 1786～1889)

---

[5] 螢光 (fluorescence) 和磷光 (phosphorescence) 同屬光致發光 (photoluminescence)，乃由電磁輻射提供的能量（如陽光或紫外線燈）所誘發的發光現象。前者由入射輻射誘發物質立即發出輻射，激發輻射源關閉後輻射即停止。後者由入射輻射激發物質能階躍遷至半穩定態而發出輻射，激發輻射源關閉後仍可持續輻射數秒至數小時。

也將該現象視為一項重要的發現。在 1861 年的時候，涅普斯提出了理論，認為鈾鹽會發出某種肉眼看不見的輻射：「……這種持續的活動……不可能是由於磷光引起的，因為根據亞歷山大 - 愛德蒙．貝克勒先生的實驗，磷光不會持續太久。因此，它更有可能是我們眼睛看不見的一種輻射，正如傅科先生所相信的那樣，……」儘管他觀察到了鈾鹽能使照相版曝光的現象，但是並沒有認知到這其實是一個嶄新的物理發現，他與放射性的發現也因而失之交臂。

亞歷山大 - 愛德蒙．貝克勒是十九世紀下半葉，歐洲固體發光學（luminescence，包含螢光與磷光）的權威。整個十九世紀除了工藝界以外，幾乎沒有人對鈾的化合物有興趣。但鈾鹽會發出異常明亮的磷光和令人感興趣的光譜，亞歷山大 - 愛德蒙因而被吸引，投入到鈾鹽的研究中。他其中一個很重要的貢獻是發現了鈾化合物有兩種：一種是會發出磷光的鈾系列 (uranium series) 鹽；另一種則是不會發出磷光的四價鈾系列 (uranous series) 鹽。在 1868 年時，亞歷山大 - 愛德蒙出版了一本名為《光：它的起因及其效應》(*Light: its Causes and Effects*) 的書，其中也特別提到了涅普斯的發現。

貝克勒與放射線的偶然邂逅

貝克勒的意外發現

發現放射線的亨利．貝克勒在 1852 年 12 月 15 日出生於巴黎，包括他的兒子在內，這個家族共四代皆為物理學家。貝克勒的祖父安托萬．貝克勒 (Antoine C. Becquerel, 1788～1878)（所謂光

伏效應 (Photovoltaic effect) 的發現者）、父親亞歷山大 - 愛德蒙·貝克勒與他自己三個人都是法國科學院院士，也都擔任過巴黎國立自然史博物館 (National Museum of Natural History) 的應用物理學主席。貝克勒有過兩段婚姻，第一段是 1874 年與露西·賈斯曼 (Lucie Z. M. Jasmin, 1857～1878) 結婚，但她在生下兒子後不久就去世了；另一段則是 1890 年，與路易斯·洛里厄 (Louise D. Lorieux, 1864～1945) 結婚。貝克勒畢業於巴黎綜合理工學院 (École Polytechnique) 及巴黎高等橋樑工程學校 (École des Ponts ParisTech)。他一開始所學的專業並不是物理學，而是工程學，所以於畢業後，在 1875 年先是擔任公路橋樑管理局的工程師，並於 1894 年成為總工程師。與此同時，他也在父親的實驗室裡進行著自己的物理學研究。貝克勒於 1892 年父親過世後，成為了巴黎國立自然史博物館的教授，並被任命為國立工藝學院 (Conservatoire National des Arts et Métiers) 的物理系教授。

在 1895 年的時候，貝克勒成為巴黎綜合理工學院的物理學教授。因為受父親的影響，貝克勒也對鈾鹽非常著迷，特別是研究某些鈾化合物的磷光現象，以及在實驗中使用銀版攝影法 (daguerreotype)。在當時，他是少數在實驗室裡面備有鈾晶體的物理學家，他通過實驗檢驗了鈾鹽的紅外線和可見光吸收帶等光學特性。從 1883 年開始的十三年中，他發表了二十篇磷光及相關研究領域的論文，尤其是關於紅外輻射的效應。不過，即便發光學、鈾化合物分析與照相術兼備，貝克勒還是很有可能無法將放射性認知為一種與磷光不同的現象。

由於貝克勒是法國科學院院士，他可以在每週一次的院會中聽取科學家們最新的發現報告。1896 年 1 月 20 日，在一次院會上，貝克勒聽到了龐加萊介紹關於侖琴發現 X 射線的報告，以及拍攝手骨照片的描述。龐加萊提出了一個假設：物質發射 X 射線的能力可能與磷光現象有關。他懷疑具有發射 X 射線能力的物質，可能也具有發出磷光的能力。貝克勒聽完這個假設後覺得十分興奮，進而更想驗證這個假設是否正確。

不過，後來也有人懷疑過貝克勒會進行驗證可能還有一些別的動機。比如之前提到，涅普斯已經觀測到，鈾鹽會讓照相版感光的能力與磷光並沒有絕對的關係，而涅普斯曾經當過貝克勒父親——亞歷山大 - 愛德蒙．貝克勒的助手，且亞歷山大 - 愛德蒙在書中也提到了涅普斯的發現。因此有些人認為，貝克勒很有可能在某種程度上，也受到涅普斯觀測結果的啟發，因而重複了涅普斯的一些實驗，以探究鈾鹽能夠發射極具穿透性射線的特性是否與能發出磷光密切相關。另外，也曾有一個歷史學家懷疑，貝克勒是否曾考慮所謂的可逆性原則：如果穿透性的 X 射線能夠讓螢光物質在黑暗中發光，那麼螢光物質會不會也能發出看不見的穿透射線？

於是，貝克勒著手進行實驗來驗證這個疑問。他把照相版用黑色的紙包起來，不讓外界的光線直接造成曝光，再將具有磷光的鈾化合物放在照相版上面，並將之留在窗臺上（圖 3–6）。此操作的目的是讓鈾化合物受到陽光刺激而發出磷光，接著觀察底下包覆的照相版是否會因此而曝光。

▲ 圖 3–6　照片為當時巴黎的國立自然史博物館。在建築物左側的二樓窗戶，就是貝克勒將鈾化合物暴露在陽光下的地方

完成實驗後，貝克勒於 1896 年 2 月 24 日的科學院會議上，報告了實驗成果。有幾種材料——特別是硫酸鈾醯鉀 (potassium uranyl sulfate, $K_2UO_2(SO_4)_2$) 的磷光晶體——所發出的光線會穿透厚厚的黑紙，使底片曝光。

為了優化結果，除了利用黑紙包裹以外，貝克勒還將硬幣和其他薄的金屬物體放在晶體下，使之產生有趣的剪影，以展示其穿透力（圖 3–7）。

那次會議結束以後的接下來幾天，貝克勒想要更改中間阻擋的物質等條件，再繼續進行類似的實驗。可是很不幸地，那幾天是沒有出太陽的陰霾天氣，所以他索性把這些照相版收到一個抽屜裡。

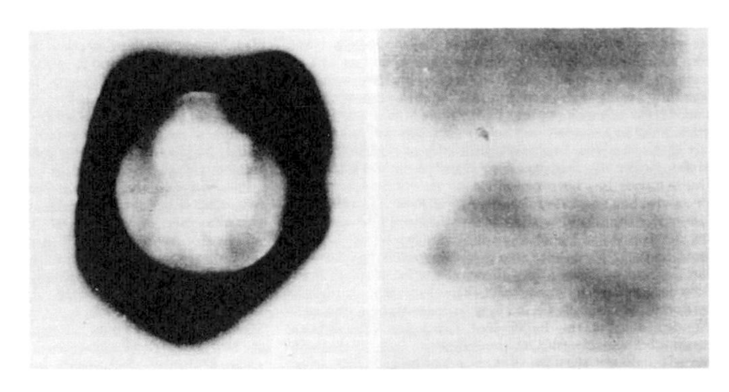

▲圖 3–7 左圖是放置硬幣的結果，在底片上留下了硬幣頭像的陰影。右圖是放置一個金屬的馬爾他十字的結果

根據貝克勒的回憶錄寫到，當他 3 月 1 日要將那些收在抽屜裡的照相版顯影時，本來預期因為礦物沒有曬到太陽、沒能發出磷光，底下的照相版應該僅會得到非常弱的影像。但結果卻出乎他的意料，照相版很明顯地被感光了！ 3 月 2 日時，他在每週的科學院會議上報告，認為此現象的成因很有可能是：即便透過薄薄的雲層，被散射的陽光也是可以刺激硫酸鉀的鈾晶體發出輻射，並描述了使用不同厚度的銅箔來檢驗射線吸收的結果。其實貝克勒當時並沒有領悟到，陽光是否直接刺激該晶體並不是必要條件，即便把礦石放在黑暗當中，也是有能力使照相版曝光的。也就是說，事實上這個現象跟磷光並沒有關係。

但看完以上的描述，會發現一個顯而易見的問題——假如貝克勒認為照相版沒有曝光，那他為什麼還會拿來顯影？既然還是好好的底片，為什麼不留下來繼續使用？而是拿來進行認為不會有結果的實驗？關於這個問題，有好幾個不同的解釋。貝克勒的兒子尚．

貝克勒 (Jean Becquerel, 1878～1953) 的說法是：他可能是打算在用新的照相版之前，把舊的先顯影。但這聽起來不太合理，無法令人信服。也有人說，貝克勒是出於好奇，想知道不照光保存的底片會發生什麼事。而以下兩個解釋是比較讓人能接受的：一個解釋是，他迫於要在隔天星期一的例行會議中有可以報告的內容，因此即便過去這一週的天氣不佳，使得實驗沒有可以呈現的結果，他也決定無論如何都要在 3 月 1 日星期天時把照相版顯影來看看，希望藉此能有報告素材；另外一個解釋是，他的確可能是受到涅普斯的影響，認為放射性的現象與磷光是沒有關係的，所以他想驗證這個涅普斯於三十五年前提出的想法是否正確。

3 月及之後的幾個月，貝克勒仍然很固執地試圖驗證鈾射線是不是另外一種稱做長久磷光 (Long-lived phosphorescence) 的現象。結果他在這個解釋上遇到一個困難，因為使用不是磷光物質的四價硫酸鈾時，發現仍然可以讓照相版曝光。所以某種程度上，他重現了涅普斯的發現，驗證鈾射線跟磷光是沒有關係的。另外，當把有磷光的硝酸鈾溶解在水裡，其發出磷光的能力就消失了。所以貝克勒決定做另一個實驗，他把硝酸鈾溶解在水裡，並且在黑暗中使之結晶。既然是在黑暗中結晶，沒有受到任何外界光線的影響，這樣的結晶應當不會發出磷光才對。可是貝克勒卻發現，這種硝酸鈾結晶也具有讓照相版曝光的能力！綜合以上的種種證據指出，放射性似乎與屬於哪一種鈾化合物是沒有關係的。於是，貝克勒在幾個月以後宣布實驗結果：真正會發出輻射的並不是鈾的化合物，而是鈾元素本身。這是一個很大的、觀念上的突破。他接著指出，鈾所發出的這種輻射在所有元素中可能是第一個例子，並且鈾金屬本身就具有令人驚奇的長久、不可見的磷光現象。可能真的是受父親的影響太深了，貝克勒對這個發現仍然企圖尋求一個光學上的解釋，而認為放射性是屬於磷光現象。

其他學者的努力

同時期，在倫敦芬斯伯里市 (Finsbury) 的城市與公會技術學院 (City and Guilds Technical College)，物理學教授西爾瓦努斯・湯普森 (Silvanus P. Thompson, 1851～1916) 也獨自發現到鈾射線的一些奇怪作用。像其他許多人一樣，他在 1896 年 1 月積極重複倫琴的實驗，並想到將螢光物質與照相版直接接觸，以縮短獲得 X 射線陰影圖像所需曝光時間的改良方法。湯普森還測試了日光和弧光 (Arc light) 中的不可見輻射，但沒有發現任何射線會穿過鋁板。與此同時，巴黎高等研究應用學院 (École Pratique des Hautes Études) 的查爾斯・亨利（Charles Henry，生卒年不詳）發表的論文表明，硫化鋅可明顯增強鋁對 X 射線的透明性。受到這篇論文的啟發，湯普森對發光材料本身進行了不可見輻射的測試。他開始將各種發光材料放在一張由鋁板覆蓋的照相版上，並「在朝南的窗臺上擱置了幾天，以接收 2 月能曬進倫敦市中心的一條小街的陽光（總共僅幾個小時）」[6]。他的實驗結果顯示，只有硝酸鈾與氟化鈾才具有感光的能力。湯普森很興奮地把實驗結果告訴劍橋的數學家、王家學會前主席喬治・斯托克斯爵士，斯托克斯於 1896 年 2 月 29 日答

---

❻ *Phil. Mag*. 42 (1896) 103

覆他：「您的發現非常有趣，我想您應毫不猶豫地發表，特別是因為現在有很多人正在研究 X 射線。就我自己而言，我完全不相信侖琴射線是由於正常振動引起的，雖然侖琴本人傾向於這種假設。我認為它們很可能是頻率過高的橫向振動。因此，我想您所發現的應與丁鐸耳發熱量 (Tyndall's calorescence) 屬於同一類現象……我與喀爾文爵士 (Lord Kelvin, 1824～1907) 就侖琴射線有書信往來，且將會提及您的發現，但不會在您發表結果之前這樣做。因此，收到您出版的消息我會很高興。也許您正在寫信給他。當然，如果您這樣做，我就可以對他暢所欲言。他非常熱情，可能不假思索地走漏一些消息。」很可惜的是，斯托克斯還告訴了他，在英吉利海峽對岸的亨利．貝克勒已經做出了類似的結果。因為得知已經失去了發現的優先權，湯普森就沒有急著將他的實驗結果公諸於世，一直等到 7 月的時候才發表。湯普森與貝克勒很類似，還是認為鈾化合物的持久性輻射之於克魯克斯管中 X 射線的瞬態輻射，就相當於是磷光引起的可見光持久性輻射之於螢光引起的瞬態輻射，他並將該現象取名為過度磷光 (hyper-phosphorescence)。湯普森的確發現了放射性，可是跟貝克勒相比，他的貢獻是比較微不足道的，而且他從頭到尾都沒有認知到此輻射是鈾元素本身發出的，所以大家論及放射性發現時，也都不太提及他的成就。

1897 年 4 月 1 日至 4 月 4 日，著名的喀爾文勳爵及兩位英國格拉斯哥大學 (University of Glasgow) 的研究員約翰．比蒂 (John C. Beattie, 1866～1946) 和馬利安．斯莫魯霍夫斯基 (Marian Smoluchowski, 1872～1917)，在愛丁堡王家學會 (Royal Society of

Edinburgh) 發表了被認為是這一時期最好、最認真，也最為定量的鈾射線研究。他們使用象限靜電計 (quadrant electrometer) 測量了絕緣的鈾金屬圓盤和其他金屬圓盤之間的電位差，發現在跨過與鈾的氣隙時，每種金屬都會獲得不同的特定電壓。此外，提供給金屬的任何電荷都會迅速消散，並重新回到其特有的電壓。他們用各種材料和厚度的屏幕進行定量的吸收實驗，並以氣隙的大小、壓力和氣體類型作為控制變因。從這些最後的實驗中得出了重要而定量的結論：在常壓下，鈾金屬圓盤跟另外一個金屬圓盤之間的洩漏電流 (leakage current)，若以每分鐘為單位進行測量，會隨著施加電壓的升高而上升，直至基本上飽和。也就是說，一旦外加電壓到某一個程度以後，這個洩漏電壓就會趨於飽和而不再繼續上升，於是鈾的放電與電壓最終不成正比。很可惜的是，即便他們展現了很漂亮的實驗數據，但並沒有給出物理的解釋。其實約瑟夫．湯姆森和歐內斯特．拉塞福 (Ernest Rutherford, 1871～1937) 早在半年前就已經表明，X 射線會產生離子導電，但是這樣產生出來的離子電流是會飽和的。而喀爾文勳爵等人所觀察到的現象也是非常類似的。放射性釋出的粒子也是帶電的，但是不管電壓再怎麼增加，產生的粒子也就那麼多，這就是為什麼電流會飽和的原因。而最後還是由拉塞福闡明了鈾射線會在氣體中產生離子，造成洩漏電流的現象。

離開放射性的研究

雖然發現了放射性，但很可惜的，貝克勒並沒有繼續進行這方面的研究。這是因為十九世紀末，科學界充斥著多種真實和虛假的輻射：已熟悉的陰極射線、正和反陰極射線 (dia- and para-cathodic) 的變種、運河射線 (canal rays)、來自火花的放電射線 (discharge ray)、芬森射線 (Finsen rays)、赫茲射線 (Hertz ray)、剛清洗過的金屬表面的輻射，以及一堆其他物質的輻射。特別是跟 X 射線相較之下，鈾輻射就相形失色了（圖 3–8）。而且因兩者的發現僅相差幾個月的時間，當 X 射線還在鋒頭上的時候，鈾的輻射性就不是那麼地受人注意，連貝克勒本人都一度轉向其他的研究。

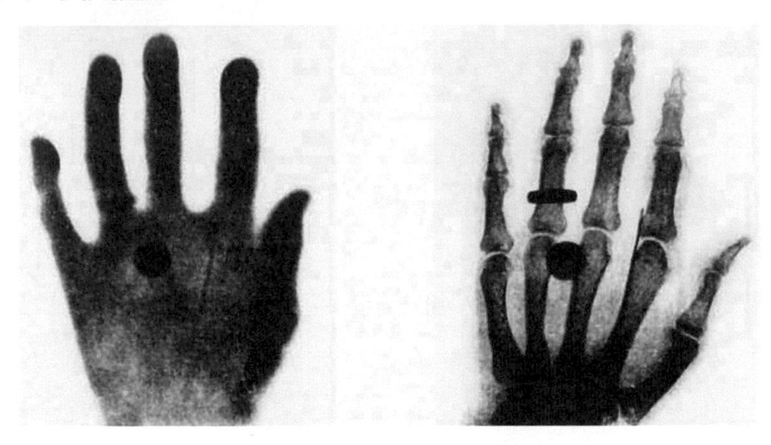

▲ 圖 3–8　鈾放射線攝製的手臂影像（左）及 X 射線攝製的手部影像（右），可以看得出醫學上必定較偏好 X 射線所產生的清晰影像

貝克勒在 1896 年發表了七篇關於放射性的論文後，在 1897 年只寫了兩篇，甚至到 1898 年則根本沒寫。他的想法已經用完了！其他幾個研究小組也已經窮盡對貝克勒射線的探索，放射性的研究當時近乎槁木死灰，沒人知道還能玩出什麼春天。就在這山窮水盡疑無路時，巴黎的居禮夫婦與劍橋的拉塞福也跳進來研究鈾元素。

在更深入地瞭解這個輻射現象背後的原因以後，讓人們重新重視放射性這個領域，甚至認知到，在某種層面上放射性是比 X 射線還來得重要的發現。

居禮夫婦的貢獻

居禮夫婦系統性地對門得列夫元素週期表中的其他活性輻射源進行搜查，觀察是不是還有些其他元素也具有放射性的特性。另外，他們用非常精確的象限靜電計取代了靜電計和照相版，獲得了有關輻射相對發射強度的定量數據，使之成為一門定量科學。1898 年時，格哈德．施密特 (Gerhard C. Schmidt, 1865～1949) 和瑪里．居禮 (Marie Curie, 1867～1934) 均於各自的研究中發現了釷 (thorium) 的放射性；同年 6 月，居禮夫婦發現了放射性元素釙 (polonium)；接著在 12 月，他們又發現了可以在一般環境中找到的鐳 (radium)。也是居禮夫婦把這種輻射現象命名為放射性 (radioactivity)。

關於瑪里．居禮的貢獻，這邊不可不提一下。透過象限靜電計測量由輻射引起的電離流，居禮注意到在不同的含鈾礦物中，輻射強度與化合物中鈾的含量不成正比。這個結果很令人納悶，如果說只是鈾具有放射性的話，理應鈾的含量愈多，放射強度會愈強才對，可是為什麼看到的卻不是正比的關係？於是，居禮提出一個假設，即自然界中存在有未知的放射性元素。也就是說，礦石當中還有其他具有放射性的物質，因此測量到的電離流並不是單純的只有鈾。結果她是對的！

鐳的發現對於放射性的研究有相當的重要性，原因是鈾的半衰期非常長，有 45 億年，約莫與地球的年齡差不多。也就是說，要過了 45 億年以後，才有一半的鈾會衰變，它的衰變速率可以說是非常緩慢的。但相對地，鐳的半衰期是 1,600 年，衰變速率上相差了非常多的數量級。所以如果有等量的鐳跟鈾的話，以鐳做實驗所得到的輻射強度會遠強過鈾的輻射強度。由於鐳的半衰期比較短的這個特性，很容易可以觀察到它的輻射現象，而且測量到的輻射強度比較強，在實驗上就方便許多，因此後來大部分研究都是以鐳來當研究對象。此外，鐳也從 1901 年開始被應用在醫療上。但是鐳非常地稀少且珍貴，由 1 公噸的瀝青中只能提煉出大概 0.15 公克的鐳。

綜觀整個亨利．貝克勒的研究過程，歪打正著的幸運源於數個錯誤與無奈：首先，他錯誤地相信了龐加萊提出的穿透射線和磷光之間的關聯，而試圖建立影像強度、磷光強度和持續時間的關係；其次，遇到陰霾的天氣，就乾脆考慮非普通磷光的可能，這或許是受到來自涅普斯非磷光的暗示，也或許是因為非得在學術會議上報告些新東西所造成；最後，是由於居禮夫婦的推波助瀾，系統性地尋找其他的放射性元素，並定量量測放射強度，才又炒熱了放射性這個主題。1903 年，也就是貝克勒去世的前五年，他與居禮夫婦因發現放射性而共同獲得諾貝爾物理學獎。

放射性和弱交互作用

對於放射性的重要性看法改變，使其被視為革命性的新科學典範，是直到 1902～1903 年才出現高潮性的轉折。當時的拉塞福和弗雷德里克．索迪 (Frederick Soddy, 1877～1956) 才正確地將放射性解釋為元素的自發衰變。後來，我們發現不是只有重元素才有放射現象，輕元素例如氫的同位素氚、碳 14 也都具有。直至後來，我們發現這種衰變現象，其實追根究柢是由於弱交互作用所引起，而弱交互作用是至今我們所僅知的四種基本交互作用力之一。

雖然放射性相對於 X 射線好像是一個比較慢熟的領域，但卻開創了一個新的物理領域——核物理。相較之下，X 射線仍屬於電磁學領域，並不牽涉到新的交互作用力。核物理讓人們對於次原子的世界開始重視、展開研究，並瞭解其中結構與結構之間的交互作用。事實上，核物理後來也有很多面向的應用，比方說在醫學上可以用放射性來治療癌症；核反應堆可以用在核能發電、核能動力上面；放射性定年法是用碳 14 來測定化石的年代，甚至地球年紀也可以從礦石的放射性來量測。透過對弱交互作用的研究，也讓我們瞭解到宇稱性 (parity) 的破壞，這是李政道跟楊振寧兩位科學物理學家的一項重要研究。若以在物理學上的影響來說，放射性是比 X 射線來得重要許多。

結　語

於上文中我們看到，在 X 射線與放射性的發現過程當中，倫琴與貝克勒比起其他人，有著某些幸運的成分。他們都是從錯誤的出發點開始，透過陰錯陽差的導引，加上小心的實驗求證，最終到達正確的方向與結論。當然，個人是否受到幸運之神的眷顧，是無法人為掌控的。但值得我們學習的是，侖琴與貝克勒都願意嘗試各種想法，不輕易放過任何的異常現象與細節，再加上認真的實驗能力，有衝勁地在很短的時間之內，瞭解手中發生的物理現象。有這些因素的集合，才能成就這歪打正著的幸運。

CH 4

從 X 射線到原子能的爆炸性發展——費米與那些科學家們的意外發現

撰文／臺灣大學化學系教授　鄭原忠

談到科學上的意外發現，大家常會提到偉大的法國微生物學家巴斯德的名言：「在觀測的領域裡，機運青睞有準備的心靈。」(In the fields of observation, chance favors only the prepared mind.) 這句話彰顯了基本功在科學研究上的重要性。另外，還有另一個很著名的科學家也曾說過一句對於意外發現特別有啟發性的話，他說：「在實驗中驗證了一個預測的結果，那只不過是一個測量而已；倘若得到的實驗結果跟預測不一樣，那才是真正的發現。」這位著名的科學家就是義大利物理學家費米，也就是這一章節的故事主角。

十九世紀末到二十世紀中葉的這段期間，是科學史上輝煌燦爛的黃金年代。此期間科學家們對於原子結構的探索過程，可以說是『藉由「歪打正著的意外發現」而推動科學革命』的這類型歷史中，最精彩的一個篇章。從湯姆森發現電子開始，一連串出乎科學家意料之外的實驗結果，一次又一次地打破了舊有的知識規範，並在最終將原子結構的奧祕解開。費米在這個過程中扮演了相當重要的角色，他對於放射性以及核反應的研究，讓人類得以將原子中的巨大能量釋放出來，但這樣的技術卻也同時帶來了毀滅性的武器。透過費米以及他那個年代的科學家們的故事，我們可以清楚地看到科學家們如何利用堅實的物理直覺及不懈的探索精神，在看似最意外的時機，取得重要的科學突破，進而對人類文明造成深遠的影響。

費米之前對原子結構的探索

原子真的不可分割嗎？

這個故事得要從原子論開始說起。在科學發展的歷史進程中，原子論扮演著非常重要的角色。早在古希臘時期，人類就開始對物質的微觀極限很感興趣。當你把物質等分切割，是不是可以這樣一直切下去呢？在切到最後時，是不是應該會得到一個最基本的組成單元？從這個簡單的問題，希臘哲學家們意識到了物質應該有一個微觀的單元，但因為當時缺乏觀察的手段，所以這個問題只能作為一種哲學詰辯來討論。在經過長久的實驗與哲學辯證之後，一直到了十八世紀，道耳頓 (John Dalton, 1766～1844) 為了解釋不同的化學反應而發表了「原子論 (atomic theory)」，科學家們才普遍接受了物質具有最小的構成單元的這個觀念，也就是現在中學教科書中大家都會學到的：物質的最小單位為不可分割的原子，且不同的化學元素分別由不同的原子組成。但這樣的理論與猜想，是否就代表人類已經找到物質的核心本質了呢？原子真的是最小的物質組成單元嗎？

原子的英文是 “atom”，是源自古希臘文的 “atomos”，這個單字的希臘文原意是 “not to be cut”，明確點出了原子是不可被分割的。但現在大家都知道，這件事情的事實並不是這樣。原子是可以再被切割的，其裡面還有電子、中子、質子等所謂的次原子粒子。

科學史上探索原子構造的過程，是一條充滿意外的崎嶇之路，而這路上的風景，相當值得大家細細品味。

探索原子結構的故事，要從克魯克斯的陰極射線管開始說起。克魯克斯是一位美國發明家，他跟同一時期的科學家發現，假如在一個玻璃管裡面裝上電極，接著將裡面的氣體抽出來（見圖 4–1），那麼於通電後，玻璃管便會開始從陰極放出光芒，而這個光線會隨著管中充填的氣體種類不同而有很大的差異（這就是大家所熟知的霓虹燈管原理）。克魯克斯在發現了這個現象以後，就做出了許多發出各式各樣美麗光線的燈管，並到處去展示他的最新發明，結果很受歡迎，使得克魯克斯在當時的政商名流間名聲大噪，甚至有人說 “Where is Crookes, where is light.”，意思就是：「只要克魯克斯走到哪裡，哪裡就亮起來了。」

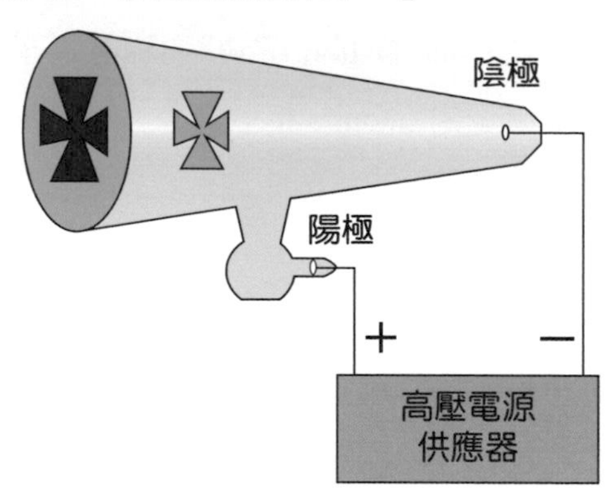

▲圖 4–1　陰極射線管的結構

克魯克斯的發明為他帶來了不少的財富與名聲，但是卻沒有在科學上造成重大的突破，時至今日，也沒有多少人認識他了。不過在他到處展示霓虹燈發明的同時，也有科學家們正在認真地研究陰極射線的本質。其中，英國的物理學家湯姆森對陰極射線管做了很詳盡的研究，並在過程中意外地發現了陰極射線可以被電場與磁場影響而產生偏移，並且總是朝著陽極的方向移動，表示陰極射線是由帶負電的粒子所組成。這些帶負電的粒子在磁場作用下會產生非常大的偏折角度，由此便可以得知它們的質量比氫原子小很多，可以推斷其組成應該是比原子還要更小。另外，不論在管中充填的氣體為何，陰極射線所顯示的性質都是一樣的。藉由這些實驗，湯姆森不僅觀測到了組成陰極射線的帶負電粒子──電子的存在，也推測出電子應該是一種存在於所有元素的基本粒子。這不僅是第一個發現次原子粒子的偉大貢獻，更推翻了原子論的「原子不可分割性」。由於電子的發現，湯姆森提出了一個符合自己理論的原子模型，這便是所謂的「葡萄乾蛋糕模型」。他想像原子就像一個葡萄乾蛋糕，蛋糕本體可以被類比為帶正電荷的物質，而電子則分布在此物質裡面，就像是葡萄乾鑲嵌在蛋糕裡面一樣。該模型也就是著名的湯姆森原子模型。

湯姆森還有另一項一般比較少被提及的重要發現，這項發現也對人類社會有非常重大的貢獻。在研究陰極射線的同時，他也發現了從陰極射線管的陽極所發出的陽極射線。透過研究陽極射線在電磁場下被偏移的角度大小，湯姆森區分出了各種不同性質的陽極射線，並且測量其中帶電粒子的電荷與質量的比值（現在稱之為荷質比）。我們現在都知道，陽極射線是由管中氣體分子的電子被游離後生成的正離子所組成。在相同磁場下，不同荷質比的離子所偏移的軌跡會有所不同，可以用來區分不同質量與帶電量的離子，這也就是質譜儀 (mass spectrometer) 的原理。比如說在 1912 年所進行的一個實驗中，湯姆森成功地區分出了兩個氖的同位素，這是首次利用質譜的方式證實同位素的存在。質譜的技術經過一個世紀的發展，如今已經成為一種具有極高靈敏度，而且普遍用在化學分析的儀器，在各式各樣的分析化學領域都扮演著非常重要的角色。例如在食物樣品的採驗時，由於要檢測農藥的殘留量，靈敏度需要到百萬分之一、十億分之一，因此都是以質譜的方式來進行量測。

這個故事給了我們一個重要的啟示：在十九世紀末，很多人都和克魯克斯一樣，僅把陰極射線管當成一個新奇的發明，卻對它的基本原理並沒有太多的關注。但是湯姆森並不把陰極射線管發光視為理所當然的事，而是進一步地設計實驗去探索陰極射線的原理，不僅對其做了嚴謹的觀察測量，更透過自己良好的物理學與數學基礎，針對實驗結果提出解釋。而這樣的解釋很明確地證明陰極射線的確是由一種新的粒子所構成，是過去完全不知道的一個全新現象。事實上，在同一個時代也有很多人在臆測、想像原子會不會有更小的結構，但就只有湯姆森一個成功地透過堅實的物理直覺跟數學訓練，把電子的存在毫無疑問地呈現出來。

從 X 射線到放射性

陰極射線管帶來的科學革命可不只是電子的發現或質譜技術的發明而已。在與湯姆森同個時期，德國物理學家侖琴在陰極射線管實驗中發現了 X 射線，也是一個科學史上著名的意外發現。也因為侖琴意外拍下了妻子手部的 X 光照片，在科學界引起了轟動，使得 X 射線很快地被應用到醫學領域。而侖琴以在 X 射線發現上的成就與貢獻，於 1901 年獲頒了諾貝爾物理學獎，成為諾貝爾獎設立該獎項以後的第一個得獎人。

侖琴的發現引導眾多科學家投入 X 射線的研究領域，其中，法國礦物學家亨利 · 貝克勒在讀到了侖琴的論文以後，便認為 X 射線能夠應用於解釋礦物磷光的現象。他推論：在暗處發光的礦物可能是吸收太陽光的能量後，以 X 射線的形式釋出，因而迸發出磷光。然而，這樣的推論卻在時間急迫與意外機運下被推翻了。在一個科學院會議舉行前，巴黎碰巧連續好幾天都是陰天，使得貝克勒的實驗沒辦法照到陽光，著急著想要得到實驗結果以在會議上發表的貝克勒，便硬著頭皮把跟礦物一起放在抽屜裡的底片洗出來，此時卻意外地發現，底片都曝光了！這也代表著含鈾的礦物能夠「自主」放出高能量射線，並不需要吸收太陽能。這樣自發性放能的特性，因為違反了被當時的科學家們奉為圭臬的「能量守恆」，震撼了當時的物理學界，這就是放射性的發現。含鈾的礦物會放出高能量的射線，是因為含有放射性的鈾 235 元素可以自發性地放出能量，這對於現代的我們來說是自然而然的事，因為我們從小學到的知識就是這個樣子。但是對那個時代的人而言，這個現象違反了許多已知的科學定律，如原子不生不滅以及能量守恆的基礎原理等，因此，那個時代的科學家們完全沒有辦法想像這件事情。但貝克勒的實驗證據卻清楚地表明了放射性是唯一合乎邏輯的推論，因此科學家們也只能接受它，並繼續努力地進行實驗，希望能把放射性的本質弄清楚。說起來這一個意外的發現，還帶有一點被逼上梁山的意味。假如貝克勒嚴格遵照當時的科學思考邏輯，他便不會去把那個底片洗出來了，但是隔天就要報告了，卻還沒有資料怎麼辦？他只好把底片洗出來試試了。也就是因為這場意外，造就了這個偉大的發現，這是多麼巧合的一件事！

在放射性發現之後，貝克勒的實驗室培養出了許多優秀的科學家，包括皮耶．居禮 (Pierre Curie, 1859～1906) 與瑪里．居禮夫婦兩人，這位瑪里．居禮便是後世熟知的居禮夫人 (Madame Curie)。居禮夫婦進入實驗室之後，便針對鈾的放射性來源進行研究，並從鈾礦裡面分離出了釙、鐳等放射性元素，對放射性的化學探究做出很大的貢獻。鐳是一種放射性非常強的元素，它的發現讓那個時代的科學家可以利用鐳去做很多放射性的研究以及應用，居禮夫婦的研究成果可以說是奠定了放射性研究的基石，貝克勒以及居禮夫婦三人也因此獲得了 1903 年諾貝爾物理學獎的肯定。放射性在日後成為了大家所公認的知識，並且在醫學或日常生活中發展出眾多重要的應用。如此看來，貝克勒等人的貢獻居功厥偉。

拉塞福的原子結構與人工核蛻變的發現

與居禮夫人同一時期，還有另外一位對放射性研究做出重大貢獻的科學家，就是英國物理學家拉塞福。拉塞福也是一個傳奇性的人物，他是湯姆森的學生，在湯姆森底下工作了一段時間之後，便去到加拿大的大學任職；在他回到英國後，進入了非常著名的卡

文迪西實驗室 (Cavendish Laboratory)[1]裡面工作。拉塞福的學術生涯中，最為一般人所知的事蹟是金箔實驗以及原子核的發現，不過他最重要的研究貢獻，應該還是對於放射性之物理特性的研究了。拉塞福在貝克勒發現放射性後，便投入到這個領域進行研究。透過他在湯姆森實驗室中所訓練出來的堅強物理學背景，以及實驗儀器架設的能力，拉塞福發展出了能夠嚴謹定量放射性強度的實驗測量方法，並釐清了放射性的本質。拉塞福不僅是弄清楚「放射性中 α 射線、β 射線、γ 射線的本質構成上，分別是氦的原子核、電子，以及高能量電磁波」的第一人，還說明了三種射線有著不同的穿透能力以及不同的能量。這個成果直到今日，依然是科學家研究放射性物質以及原子核反應很重要的一個基礎。而拉塞福也獲頒了 1908 年的諾貝爾化學獎，以表彰他在放射性研究上的卓越貢獻。

至於一般人熟知的金箔實驗呢？其實已經是拉塞福在獲得諾貝爾獎之後所做的實驗了。原本他在加拿大的麥基爾大學從事放射性研究，因為在放射性領域的成就深受肯定，拉塞福被英國請回去主持卡文迪西實驗室。回到英國以後，拉塞福設計了一個可以射出 α 粒子來撞擊金箔的儀器，並在不同的角度偵測被金箔所散射的 α 粒子數目，用以探究原子的內部結構。這樣的散射實驗可以用來驗證湯姆森的原子模型是否正確，因為根據湯姆森模型的預測，原子的密度不高，因此 α 粒子應該會完全地穿透金箔。然而，實際的實驗

[1] 卡文迪西實驗室為英國劍橋大學的物理系，自西元 1874 年成立後，曾經有許多著名的科學家在此工作，在卡文迪西實驗室完成的重大科學成就包含電子的發現、中子的發現、以及華生與克里克解析出 DNA 的雙股螺旋結構等。到 2019 年為止，共有三十位諾貝爾獎得主出自此一實驗室。

結果卻不是這樣。拉塞福很驚訝地發現，有很少比例的 α 粒子會從幾乎完全相反的方向被散射回來，拉塞福本身的講法是：「這不可思議到好比用一把槍射擊一張紙片，卻發現子彈被反彈回來，而且還打到自己！」要解釋這個實驗結果，唯一的可能就是原子的質量以及正電荷都集中在一個極小的粒子裡面，這便是原子核的發現。原子核有多小呢？透過拉塞福的測量，原子核的半徑大小約是在 10^{-15} 公尺的範疇，而一個原子的大小是 10^{-10} 公尺左右，兩者之間相差了 10 萬倍。也就是說，若是原子有一個足球場這麼大的話，那麼原子核就大約僅是擺在足球場中間的一顆藍莓的大小。拉塞福的金箔實驗結果讓我們與原子結構的奧祕更邁進了一步。

不過，金箔實驗這個在科學上被廣為傳頌的意外發現，真的是一項意外嗎？事實上這個實驗並不是拉塞福自己做的，這場實驗的儀器設計跟資料搜集都是由他的兩位合作者蓋革 (Hans W. Geiger, 1882～1945) 與馬士登 (Ernest Marsden, 1889～1970) 進行，拉塞福主要負責的是對實驗結果提出解釋。蓋革設計的儀器裝置一開始並沒有辦法測到散射角度太大的 α 粒子，因此最初期的實驗結果與湯姆森原子模型的預測相符。不過拉塞福身為卡文迪西實驗室的大老闆，對初期的實驗裝置設計與資料蒐集並不滿意，要求需要測量到更大的散射角，而蓋革與馬士登為了達成拉塞福的要求，便持續地改善他們的儀器。經過多年的努力，他們才終於觀測到大角度的散射結果。從實驗開始到獲得成果，這整個過程從 1908 年橫跨到了 1913 年左右，至於著名的原子結構論文則是到 1914 年才由拉塞福發表。綜觀整個原子核的發現過程，與其說這是一個歪打正著的意外，其實更像是一個大海撈針的過程，而成功的原因是拉塞福極為嚴謹的科學態度。因為他那一定要把所有可能的邏輯漏洞全部填補起來的堅持，科學史上才能有這個偉大的發現。

有趣的是，拉塞福那鉅細靡遺、非常嚴謹的性格，卻也對其自己造成了束縛，讓他不敢大膽地接受原子核可以被轉變成不同的原子核，這或許使得他與另外一座諾貝爾獎錯身而過。事實上早在 1910 年左右，拉塞福就知道若以 α 粒子去撞擊氮核的話，便會產生氫原子核，但他並沒有更深入地探究此反應的其他產物。因為當時已經有元素週期表的概念，透過簡單且直觀的推論便可得知：在產生氫的同時，氮應該也會被轉化為其他的元素。但拉塞福卻沒有積極去研究這件事情。一直到後來，英國物理學家布列克特 (Patrick M. S. Blackett, 1897～1974) 加入拉塞福的團隊，並在 1925 年左右透過雲霧室實驗，才證實了 α 粒子撞擊氮核會產生氫跟氧。透過 α 粒子的撞擊，可以讓一個元素變成完全不同的元素，這樣的發現打破了道耳頓的原子論，被稱為人工核蛻變 (artificial transmutation)。儘管現在大家談到人工核蛻變，往往還是將功勞歸因於拉塞福的發現，但由於他沒有去深入探究這個現象，也因此錯失了重要的發現。

拉塞福沒有積極研究人工核蛻變的這件事，其實還有一個小故事。在 1901 年左右，拉塞福還在加拿大研究釷的放射性時，發現釷會被轉變成鐳，結果當時一位跟拉塞福合作很久的化學家索迪對拉塞福說，這個現象就是 “transmutation”。雖然在現今，“transmutation” 便是核蛻變的意思，但事實上，它在古代是一個鍊金術師所用的詞，描述的是在鍊金術中，將賤金屬轉變成貴金屬的過程。在那個時代，科學家對鍊金術有深深的敵意，因此拉塞福一聽便吼回去說：「天啊，索迪，不要叫它 “transmutation”，不然我們會被當成是鍊金術師一樣砍頭的！」或許拉塞福也是因為對 “transmutation” 這個概念抱有排斥感，因此才沒有深入去探究。由上述這個小故事可以得知，有時候過於謹小慎微的科學態度，也可能反而會阻礙了科學的發現。

人工核蛻變的發現在科學上具有非常重要的意義，因為它成為了科學家在控制核反應，並將元素轉化為不同元素時的一項重要工具。當談論到這個題目時，就不可不提到一位對後世有著深遠影響的學者，她就是居禮夫人的女兒伊雷娜．居禮 (Irène Joliot-Curie, 1897～1956)。伊雷娜於成年後，便在居禮夫人的實驗室擔任助手（圖 4–2），並與同為居禮夫人助手的弗雷德里克．約里奧 (Frédéric Joliot, 1900～1958) 結了婚。跟居禮夫婦一樣，約里奧．居禮夫婦終身都在從事放射性相關的研究，也做出了很多重要的貢獻。在人工核蛻變這個題目上，他們非常有系統地對 α 粒子撞擊不同元素所發生的核反應進行探究，並透過精準的化學分析，展現了原子的種類是可以透過人工的方式去改變。而這樣的成果也間接地告訴我們，鍊金在物理、化學上面其實是有可能達成的，是因為消耗的資源太大而不能實用罷了。也因為在人工核蛻變研究上的貢獻，約里奧．居禮夫婦於 1935 年共同獲頒了諾貝爾化學獎。

或許是命運的安排，1935 年的諾貝爾物理學獎得主是英國物理學家查兌克 (James Chadwick, 1891～1974)，而獲獎的原因是中

▲ 圖 4–2 1922 年，居禮夫人與她的女兒伊雷娜．居禮在實驗室做實驗的合影

子的發現。中子的發現當然是值得獲得諾貝爾獎的貢獻，這一點無庸置疑，但這項發現其實也應該歸功於約里奧．居禮夫婦，這是一個科學史上相當有趣的故事。約里奧．居禮夫婦在 1932 年時，曾經發現若用 α 粒子撞擊金屬鈹，便會產生一種特別的射線。若以這種射線來照射石蠟，便會產生大量的質子。約里奧．居禮夫婦對於這個現象的解釋是：α 粒子撞擊到金屬鈹會產生 γ 射線，而 γ 射線能夠將石蠟裡面的質子打出來。查兌克從一個義大利合作者那邊聽到這個消息後，馬上意識到約里奧．居禮夫婦的解釋是有問題的，

因為γ射線本身並沒有質量，所以要把一個有顯著質量的質子打出來是不太可能的事情。以物理原理來說，要撞擊出大量的質子，應該需要使用質量跟質子相近的粒子才可以辦到。這也就代表著，約里奧．居禮夫婦所觀察到的其實是一個當時未知的次原子粒子。查兌克回去實驗室之後，馬上重複了α粒子撞擊金屬鈹的實驗，並且測量了所產生之粒子的性質，證明此實驗所產生的粒子，是一種不帶電、質量跟質子差不多的新粒子。於是中子這個原子核中另一個極為重要的存在就這樣被發現了，而科學家們也終於完整地描繪出了構成原子的三種基本粒子。查兌克僅僅花了兩週的時間進行這整個實驗，便收穫了一座諾貝爾獎。

發現中子的故事告訴我們，幸運女神有時候會透過意外的發現向科學家招手，但是並非所有的科學家都有辦法回應她的垂憐。若是沒有夠強的物理直覺與理論基礎，就算碰到了重要的發現，也沒有辦法好好地把握機會。約里奧．居禮夫婦原本是有可能搶先發現中子的，幸運女神已經降臨在他們身旁，但是他們卻大意錯過了。這種「意外的沒有發現」在科學上其實也是所在多有。不過約里奧．居禮夫婦他們的能力還是在其他的領域得到認可，也與查兌克在同一年拿到諾貝爾獎。1935年，約里奧．居禮夫婦與查兌克不約而同地獲得諾貝爾獎，只不過一個是化學獎、一個是物理獎，背後其實有著這樣有趣的花絮。查兌克能夠憑著深厚的物理知識洞悉實驗所揭示的自然本質，因此在科學史上留名，這也再一次驗證了巴斯德的話——機運青睞有準備的心靈。

物理奇才費米與原子能

費米的大理石桌

故事講到這裡，我們的主角費米終於登場了。費米（圖 4–3）是一位非常出色的義大利理論物理學家，從年輕時就展現出高超的物理天分。在他二十歲時，就發表了多篇重要的理論論文；並且在二十六歲時，獲聘羅馬大學 (Sapienza University of Rome) 理論物理講座的講師職位。在羅馬大學任教時，費米的同事跟學生都稱他為 “the Pope”（教宗），甚至還傳說 “Fermi had an inside track to God”（費米有直通上帝的內線），用以強調他所展現出來的驚人的 “intuito fenomenale”（費米直覺）。雖然費米在理論研究上非常

▲圖 4–3　費米

成功，但當他得知中子的發現以及約里奧．居禮夫婦的人工核蛻變實驗後，他便決定改行從事實驗研究，並將研究興趣轉向利用中子撞擊來研究核反應的實驗。當時進行人工核蛻變研究的科學家們，大多是利用帶電的 α 粒子去碰撞原子核，進而產生其他粒子。但是因為 α 粒子本身帶有正電，會與原子核中的質子強烈互斥，使其不容易接近原子核，導致反應的機率很低。此時，擁有精準物理直覺的費米聯想到了中子，因為中子為電中性，並不會受到排斥力的影響，照理來說能夠更容易接近原子核，因此利用中子撞擊應該可以大幅增加產生人工核蛻變的可能性（圖 4–4）。

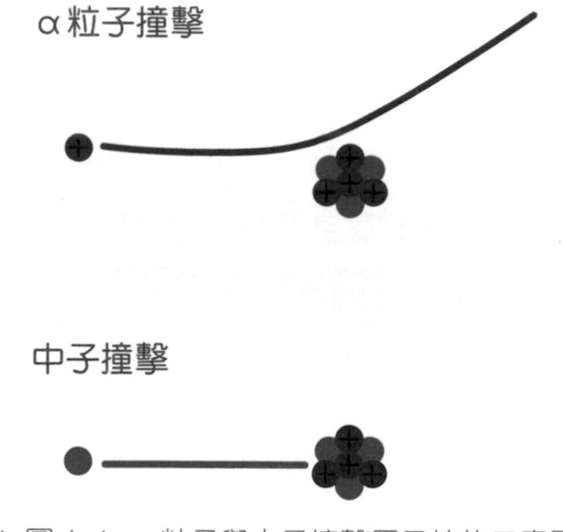

▲ 圖 4–4　α 粒子與中子撞擊原子核的示意圖

費米在義大利從事的中子碰撞實驗結果時好時壞，逼得他必須在實驗室裡面很仔細地觀察、細心地排除一項一項的變因。有趣的是，他發現當這個實驗在大理石桌上面進行時，效果非常差，就算長時間的撞擊，也只有少量的新元素產生；但是若把中子碰撞實驗改在木桌上進行時，效果就會大幅地改善。這個現象讓費米困擾了一陣子，但他很快意識到：可能是因為木頭比大理石多了很多氫原子，可以更有效地讓中子的速度慢下來，而慢速的中子能夠有比較多的時間被原子核吸收，便得以更有效率地引發核蛻變。「慢中子」能更有效地引發核蛻變的這項發現，是核反應研究的一項重大突破。透過將中子減速，費米的實驗室共檢驗了 67 種元素被中子撞擊的結果，並發現其中的 37 種──也就是說超過一半以上的元素──都會因為慢中子的撞擊而產生人工放射性。其中最特別是，當慢中子撞擊原子序為 92 的鈾金屬時，所出現的產物具有前所未見的放射性，讓費米認為他們創造出了原子序為 93 跟 94 的超鈾元素。不過這個解釋是錯的，事實上這個實驗所發生的反應是核分裂 (nuclear fission)，但是那個時候的科學界還沒有核分裂這個概念，因此在 1938 年時，費米仍然因為其在核蛻變領域的研究貢獻而獲頒諾貝爾物理學獎。在科學史上，費米被稱為是最後一個物理奇才，因為他的確是在理論物理跟實驗物理兩方面都做出了非常卓越的貢獻，而在理論與實驗研究完全分流的現今，大概已經不可能再出現第二個費米了。

得到諾貝爾獎對費米來講還具有意味深長的意義，原因是費米的太太是一位猶太人。1938 年，當時的時代背景是：歐洲軸心國的成員，如德國、義大利，已經開始實行許多迫害猶太人的行動，因此費米亟思離開義大利。但是費米卻因為從事放射性研究，被義大利當局視為需嚴密監控管制的人士，而這一次獲頒諾貝爾獎正好提供了費米一個光明正大出國的機會。在當年年底，費米以到瑞典參加諾貝爾獎頒獎典禮這個理由離開了義大利，並且在 1939 年乘船去了美國。

1938 年還有一件特別的事情，就在費米獲得諾貝爾獎的這一年，德國物理學家哈恩 (Otto Hahn, 1879～1968) 與史特拉斯曼 (Friedrich W. Strassmann, 1902～1980) 重複了費米以慢中子去撞擊鈾原子核的實驗，並成功證實他們所誘發的反應為核分裂，而不是費米所稱的產生超鈾元素。費米所觀測到的新放射性核種，事實上是因為核分裂所產生。也就是說，產生超鈾元素這項讓費米取得諾貝爾獎的工作，事實上是起因於他對實驗結果的錯誤解釋。這應該是費米輝煌的學術生涯中，最大也唯一的一次失誤。

抵達美國：原子能與核武器

費米利用到瑞典斯德哥爾摩參加諾貝爾獎頒獎典禮的機會，離開了歐洲前往美國，並在 1939 年的 1 月 2 日抵達紐約。費米才剛到達紐約，馬上就得知了德國科學家們成功觀察到核分裂的消息。費米立刻就意識到核分裂的重要性，於是很快重複進行了相同的實驗，在自己的實驗室裡面驗證了核分裂的現象，並且發現了在鈾原子產生核分裂時，可以產生不只一個中子。就在相同的時間，遠在法國的約里奧．居禮夫婦也發現了一樣的現象，可見其正確性。證明鈾 235 的核分裂可以產生多個中子，在科學上是非常關鍵的發現，因為若平均每一次撞擊會產生的中子數量是超過一個時，就表示這可能是一個連鎖反應。假如一個中子撞擊鈾原子核能夠產生兩個中子，而這兩個中子再去撞擊另外兩個鈾原子核，這樣的連鎖可以傳遞許許多多次，造成無窮無盡的核分裂反應，如圖 4–5 所示。

而在這個過程中所產生的能量，將可能是一個爆炸性的成長，此現象稱為臨界狀態 (criticality)。能夠控制臨界現象對於核能研究是非常重要的，而且也跟核能是否能夠實際應用有著密切的關聯，因此約里奧．居禮夫婦的研究工作對法國造成了很大的影響，奠定了法國在核化學與核能研究方面厚實的基礎。他們夫婦甚至還曾擔任過法國核能發展委員會的主席與首席科學家，不僅推動了整個法國的核能發展，還建立了第一個核子反應爐，在法國的核工業還有核能研究上，扮演著非常重要的角色。現在法國還擁有很強的核能背景，其國內的能源有 50%、60% 以上都是來自核反應。當我們重新梳理整個歷史脈絡就可以發現，現在所談的這些事情都與這段歷史是有關係的。

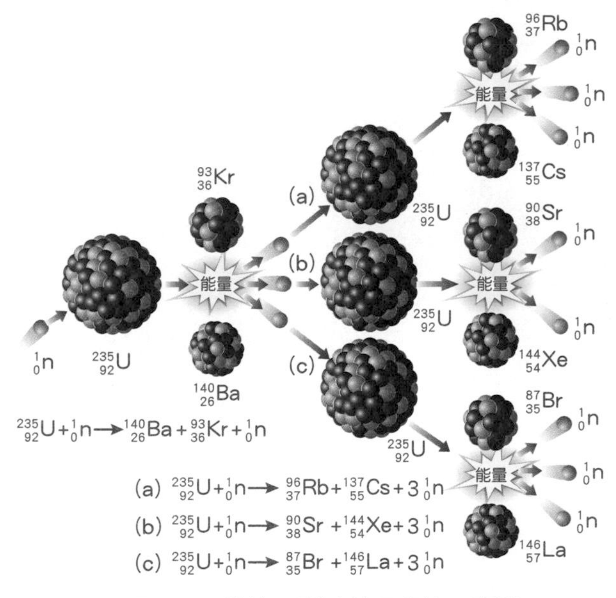

▲ 圖 4–5　鈾核分裂連鎖反應的示意圖

從費米意識到鈾 235 核分裂連鎖反應的重要性後，便立即進行計算並提出了控制連鎖反應的模型。在美國政府的強力支持下，費米更實際投入促使鈾 235 連鎖反應達到臨界狀態的實驗工作。他在芝加哥大學的球場看臺底下建造了史上第一個核子反應堆，並將其命名為芝加哥 1 號堆 (Chicago Pile–1)（圖 4–6），這個反應堆就建在市區，整個反應堆共使用了 330 噸 ❷的石墨、5 噸的金屬鈾和 40 噸的氧化鈾，可見工程的浩大。特別有趣的，費米在反應堆中選擇使用了大量的石墨，石墨在這裡所扮演的角色是中子的減速劑，用以產生慢中子，如此一來才能更有效率地促成核分裂的反應。此外，石墨也具有吸收中子的功能，可作為有效的安全控制裝置。

▲ 圖 4–6　芝加哥 1 號堆的繪圖

❷ 此處的噸是美噸 (short ton) 的簡稱，1 美噸大約等於 907 公斤。

費米所設計的芝加哥 1 號堆在 1942 年達到了連鎖反應臨界狀態，表示它可以靠著連鎖反應不停地釋放出能量，也因此費米被尊稱為「原子能之父」。成功達成芝加哥 1 號堆的臨界狀態後，費米馬上就打電話通知身在華盛頓的政府高層，然而，因那時正處二戰時期，為了保密，因此雙方是以暗語進行溝通。費米說：「義大利飛行員剛剛在新世界降落了。」接著又補充一句：「大家都安全且快樂。」我們可以說，這兩句話宣告了原子能時代的來臨。

費米透過在芝加哥進行的實驗，得到關於鈾 235 跟中子反應非常精準的數據，因此他可以去計算所謂的臨界質量，即要達成臨界狀態所需要的鈾數量。費米計算出來的結果是，大概需要十幾公斤的鈾 235，要取得這個量的鈾 235 並不是不可能的事情，而這個推論也促成了美國對於原子彈的開發，也就是曼哈頓計畫的成形。有一個故事版本是這樣說的：在同一個時期的德國，海森堡 (Werner Heisenberg, 1901～1976) 也進行了類似的計算，只是他所算出來的結果卻是需要幾公噸的鈾 235，這樣的量近乎天文數字，德國索性決定放棄他們的原子彈計畫。也就是說，當美國正如火如荼地進行著曼哈頓計畫的同時，德國幾乎沒有在進行原子彈研究，歷史學家相信這對於二次世界大戰的結果有著重大的影響。

在芝加哥實驗之後，費米加入了曼哈頓計畫，負責的工作包含連鎖反應的模擬與熱核彈的設計。他也見證了「三位一體」試驗 (Trinity Test)，也就是第一次的原子彈試爆。這邊還有一個常被提起的傳奇故事：傳聞在原子彈試爆時，費米看見有一片紙片被爆炸產生的震波吹飛了一段距離，當下他便在一個信封背後進行了計算，推測出這場核子爆炸的威力相當於引爆 1 萬噸的 TNT 炸藥（相當於 1 萬噸 TNT 當量）。而最後儀器所測出來是 TNT 當量為 2 萬噸，與費米的預測相當接近，令人不禁讚嘆他的物理知識與能力。原子彈的成功試爆讓相關的科學研究開始變了調，不再只是單純的知識探索，而是涉及大國之間的武器競賽。因為可能被拿來作為武器，會對很多人造成傷害，所以核子武器以及核能災害的問題，在後世也引出了無窮無盡的道德思辨。

關於研發熱核武器，可利用能釋放更多能量的核融合 (nuclear fusion) 來製造炸彈——也就是氫彈——費米其實是最早提出這個概念的人之一。在歷史上，美國發展氫彈的核心人物是愛德華．泰勒 (Edward Teller, 1908～2003)。泰勒是費米的好朋友，也是在曼哈頓計畫時期的同事，他們常常討論氫彈的設計問題，也發想了利用一個原子彈的核分裂來提供啟動氫融合所需的巨大能量，藉以引爆氫彈，這也成為日後熱核武器的基本概念。雖然費米對氫彈的設計曾經做出重要的貢獻，而且在二次大戰以後也曾是美國核能委員會的成員之一，在核能發展的領域扮演著指導者的角色，但是因為有了參與曼哈頓計畫以及見證第一次原子彈試爆的經驗，費米深刻地體會到，原子的爆炸能量是極具毀滅性的，因而在 1949 年的時候，他與拉比 (Isidor I. Rabi, 1898～1988) 等許多科學家一起發表公開信，表達了他們對於氫彈開發的反對。在公開信中，他們表示了強烈的意見：「氫彈作為一種武器，只會造成種族的屠殺跟毀滅。不管從任何角度去看它，氫彈的發展都是一種邪惡的事情。」對照日後世界兩大集團冷戰的歷史，我們現在更能夠體會這段話的深遠意涵。在費米的人生後期，其實他一直很關注反對核子武器發展的議題。科學的發展可以改善人類社會的生活品質，但是也可能造成重大的傷害。當科學與很多人的命運聯繫在一起時，應該要如何以一個人文的立場，去調和科學與社會的衝突，這是很一件值得深省的事情。費米最終在 1954 年的時候過世了，享年五十三歲。

儘管有許多著名的科學家出面反對，但美國政府還是堅持繼續進行氫彈的開發工作。1952 年時，美國在一個位處太平洋邊陲位置的環礁進行了第一次的氫彈試爆，並將該次試爆稱為「常春藤麥克 (Ivy Mike)」試爆（圖 4–7）。爆炸以後，儀器測量所得到的爆炸威力是 10.4 百萬噸 TNT 當量，對比於第一個原子彈的試爆──

▲ 圖 4–7　1952 年 11 月 1 日，常春藤麥克氫彈試爆所產生的蕈狀雲，這是人類史上第一次成功試爆熱核彈

三位一體試驗的威力是 2 萬噸 TNT 當量——常春藤麥克的威力整整高出了 500 倍。藉此我們可以瞭解到，從核分裂與核融合所取得的能量差距是非常巨大的。也就是說，氫彈可以造成的殺傷力也比原子彈更為強大，甚至足以毀滅人類的文明。這應該也是為什麼費米一直到他生命的後期，依然認真地反對氫彈開發的原因。耐人尋味的是，在「常春藤麥克」試爆以後，因為釋放了巨大的能量而產生出很多新的放射性物質，為了研究這些放射性物質的本質，科學家便搜集了該次試爆所殘留的灰燼，並拿回實驗室進行分析。就在 1955 年時，科學家從氫彈試爆的灰燼裡面發現了原子序 99 跟原子序 100 的兩個新元素。而當時正好是費米過世後一年，因此發現新元素的科學家們就決定把這兩個新元素分別命名為鑀（原子序 99）以及鐨（原子序 100），以紀念愛因斯坦及費米的偉大貢獻。

想想在氫彈試爆的灰塵裡面找到了以費米的名字來命名的一個新元素，再想想費米反對氫彈開發的立場，加上他在 1938 年獲得諾貝爾獎所憑藉的超鈾元素發現其實是一個錯誤的科學結果，上述的種種加總起來是不是非常意味深長？若從現在二十一世紀的角度來審視，甚至會覺得這是一件非常具有詩意的科學軼事。

歪打正著的意外

由陰極射線、電子、X 射線與放射性再到原子結構、核分裂以及核融合，這整個關於原子結構的科學探索路徑，是由許多個精彩的意外所構成的，而且非常曲折。自然界其實非常有趣，它會在不經意的地方露出蛛絲馬跡，等著有心人來探索、來解答。最後我們來談談另一個美麗的意外。想一想，太陽、星星這些天際的星體為什麼會發光發熱？太陽會發光，對於地球上的生物來說是一項理所當然的事，但是只要有求知的精神，也一定會想提問為什麼？這可能是一個從人類破天荒、從智人開始有了意識以來就不斷有人發想的問題。從古至今，也的確有許多哲人與科學家們試圖去提出這個問題的解答，但總是不得要領。因為太陽為什麼會發光、發熱，這個問題的答案不是來自太陽、星體的研究，而是必須去探究最小的原子結構。太陽的組成絕大多數是氫元素，在高壓跟高熱的環境下，氫的核融合反應產生了巨大的能量，這便是太陽能夠發光、發熱的原理，因此氫彈可以說是重現了太陽表面的反應。人類必須等到瞭解了原子最細微的結構，也就是獲得原子核與其組成中的電子、質子與中子的知識之後，才得以解答太陽為什麼會發光、發熱這個重要的問題。巨大的太陽與微小的原子這兩個看似完全沒有相關的物體，其實有著非常緊密的關聯，這也再一次說明了：重大的科學發現，往往是在最不經意的地方得到解答。

本章所舉的例子指出，科學上的偶然發現是非常重要的，但卻也彰顯了要開創一個新的領域並對人類社會造成長遠的影響，是需要透過科學家們長期的努力才能達成，並不是單靠一個新的發現就足夠了。在貝克勒發現放射性之後，開啟了人類對原子核以及核反應的探索，但也是經過居禮夫人等更多科學家們數十年的投入，才把原子核的本質完全揭露出來。讓我們回顧一下克魯克斯的生平，他雖然大幅地改進陰極射線管，但是他在完成他的發明後，就把重心放在應用的層面上，帶著陰極射線管到處展示。儘管在當時的確是成就了名聲，但是最後真正名留青史的人，卻是像湯姆森、倫琴、貝克勒、費米這樣的科學家。這些科學家們專注在發現物理現象的本質，並進行科學的探索，也因此累積了更多的知識，從而開創出全新的學術領域以及突破性的科技，徹底改變了人類社會跟我們的生活方式。由此可見，任何的新發現，都是需要持續地投入、長期地去進行基礎科學的探索，才能夠有真正革命性的應用出現。

利用嚴謹的科學方法作為武器，持續地對未知提問、探索，拓展知識的疆域，就是科學家最重要的工作與所擔負的責任。我們從費米、約里奧．居禮夫婦等人的生平可以看出，科學研究的結果並不是不變的真理，事實上最具有開創性的研究往往也有著晦暗不明的一面。科學史上很多的理論與新發現，在往後又會被新的實驗推翻。但是科學方法提供了一個系統性的知識累積，跟自我修正的動態過程。雖然前人的研究結果與詮釋會被推翻，但是取而代之的理論會愈趨完善，而科學的知識也會愈來愈擴張。作為總結，我們可以說：開創性的重大發現往往來自新的觀察方法或實驗儀器，而科學家在探索的過程中，往往需要從最不經意的小地方中看出蛛絲馬跡，才得以解開自然的謎題。這些意外發現，雖然看起來像幸運女神的眷顧，但背後卻需要實事求是的懷疑態度，還有堅實的物理知識才得以達成。因此科學知識的積累以及物理直覺，仍然對於發揮新發現的價值起著決定性的作用。

撰文／陽明交通大學應用化學系教授　陳俊太
陽明交通大學應用化學系博士生　陳羿帆

高分子材料簡介

在開始講述高分子材料意外發現的故事前，首先必須簡單認識一下什麼是高分子材料。高分子材料顧名思義，便是由高分子組成的材料，例如一般常見的塑膠就是其中的一種（圖 5–1）。高分子可以稱為大分子或是聚合物，基本上指的就是分子量很大的長鏈分子。它的英文稱做 “polymer”，其中 “poly” 這個字是源自希臘文，具有「很多」的意思；而 “mer” 則是源自希臘文中代表「部分」的 “meros” 這個字，因此結合起來的 “polymer” 所代表的意思就是：把很多的小部分連接起來。一般來講，分子量大於 10,000 以上的物質，我們就可以稱為高分子。而高分子的合成就是把簡單、重複的小分子單體 (monomer) 以共價鍵形式聚合起來。也因為是利用聚合反應進行合成，所以高分子也被稱為「聚合物」。

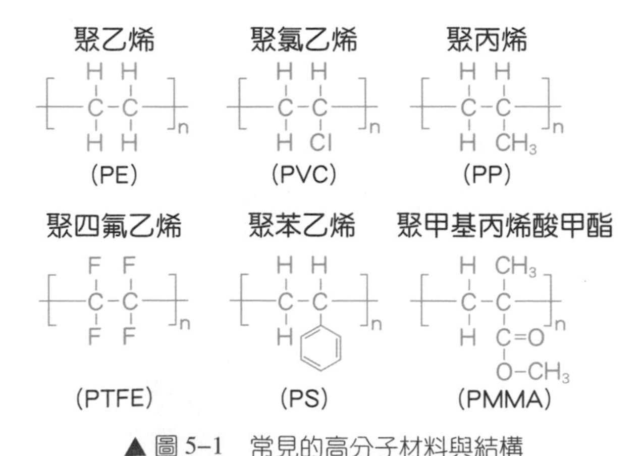

▲圖 5–1　常見的高分子材料與結構

高分子最重要的特性在於分子量。一般而言，高分子的分子量愈大，分子間的纏結 (entanglement) 就愈多，總作用力就愈強、機械性質也愈好。除了高分子鏈個別的分子量之外，一般而言，也希望合成出來的高分子具有較均一的分子量，如此一來才能使高分子有比較均一的性質。其實在我們的生活中就存在著非常多的高分子材料，譬如常見的聚乙烯、尼龍、橡膠、鐵氟龍、聚氯乙烯，還有一些玩具等，都是以高分子為主要構成的材料。然而，高分子是「利用重複單體，以共價鍵聚合而成」這個看似簡單而基本的概念，卻是科學家們直到 1920 年後才最終確定的。

其實在 1833 年時，「高分子」(polymer) 這個字就已經被一位很有名的瑞典化學家貝吉里斯 (Jöns J. Berzelius, 1779～1848) 第一次使用了。但是依據當時科學發展的情況，科學家們所認為的高分子材料，是很多的小分子受到某種特殊的作用力聚集在一起所形成的，我們所熟知「高分子是以小分子由共價鍵結合而成」的概念還尚未形成。到了 1839 年，德國藥劑師西蒙 (Johann E. Simon, 1789～1856) 意外地從橡膠裡提煉出了聚苯乙烯 (polystyrene, PS) 這種材料，也就是我們一般使用的保麗龍材料。但是，即使聚苯乙烯被合成出來了，當時的科學家們依然不知道它是含有共價鍵的長鏈結構。而在 1907 年時，比利時的科學家貝克蘭 (Leo H. A. Baekeland, 1863～1944) 則合成出了酚醛樹脂 (phenol formaldehyde resin) 材料，也就是俗稱的電木。然而，即使這些高分子材料已經被合成出來，但很多都是屬於意外的發現。由於科學家們尚不知道高分子主要是以共價鍵連接起來，因此一開始的高分子合成都只能靠「實驗的意外結果」來製備，而無法系統性地合成出高分子材料。

一直到了 1920 年，才終於迎來了高分子科學領域的重要分水嶺。德國科學家施陶丁格 (Hermann Staudinger, 1881～1965) 透過實驗數據與理論推演，證明了高分子是由共價鍵連接而成的長鏈分子，並於 1920 年發表了這篇重要的論文（圖 5–2），而該年便被視為高分子科學發展的元年。因為瞭解了高分子構成的這項重要概念，在此之後，不同的高分子材料就開始被有系統與大量地合成出來，並應用在更多的領域。施陶丁格由於他對高分子領域的關鍵貢獻，因此被尊稱為高分子科學之父，並於 1953 年獲得了諾貝爾化學獎。於高分子發展一百周年的 2020 年，重量級高分子期刊《*Polymer Chemistry*》還特別於某期的封面放上了施陶丁格的肖像以紀念他的貢獻。

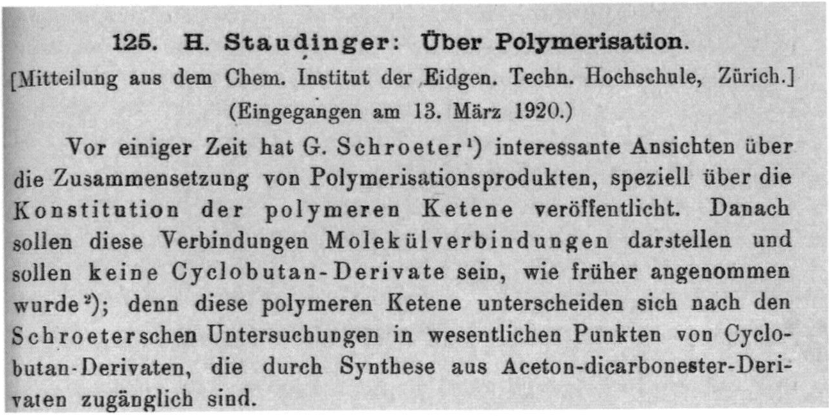

125. H. Staudinger: Über Polymerisation.

[Mitteilung aus dem Chem. Institut der Eidgen. Techn. Hochschule, Zürich.]

(Eingegangen am 13. März 1920.)

Vor einiger Zeit hat G. Schroeter[1]) interessante Ansichten über die Zusammensetzung von Polymerisationsprodukten, speziell über die Konstitution der polymeren Ketene veröffentlicht. Danach sollen diese Verbindungen Molekülverbindungen darstellen und sollen keine Cyclobutan-Derivate sein, wie früher angenommen wurde[2]); denn diese polymeren Ketene unterscheiden sich nach den Schroeterschen Untersuchungen in wesentlichen Punkten von Cyclobutan-Derivaten, die durch Synthese aus Aceton-dicarbonester-Derivaten zugänglich sind.

▲圖 5–2　施陶丁格發表於 1920 年的論文

高分子材料簡介

在高分子科學的發展歷史上，有許多材料的發現其實是意外造成的。以下所介紹的六個例子，都是因意外而發現的高分子材料，包含硫化橡膠 (vulcanized rubber)、鐵氟龍、導電高分子、便利貼、環保塑膠與異向性高分子，這些高分子材料的相關應用都相當貼近我們的日常生活。

硫化橡膠

高分子材料中最有名的意外發現就是硫化橡膠了。橡膠的發現，可以追溯到西元十五世紀。當年，在哥倫布 (Christopher Columbus, 1451～1506) 第二次前往美洲新大陸時，看到當地的原住民有一項非常特殊的娛樂活動，他們會玩一種具有彈性的橡膠球。後來哥倫布一行人發現，這些具有彈性的橡膠球是由當地的橡膠樹汁液所製成的。若以刀子割開橡膠樹的樹皮，便會流出一些白色汁液，將這些汁液曬乾後，就可以製成具有彈性的橡膠球。

當時的橡膠球以現在的觀點來看，並不具有交聯 (cross-linking) 的結構。現今所使用的橡膠，都是使其在分子鏈之間形成三維的交聯結構，因此在施加外力的情況下可以變形，但在外力消失之後又能恢復原來的形狀。你也許會好奇，為什麼天然橡膠不具有交聯結構，卻也具有彈性呢？那是因為天然橡膠本身就具有較大的分子量，因此即使沒有添加化學性的交聯劑，依然具有著類似於交聯結構的物理特性。但由於缺乏真正的化學性交聯 (chemical cross-linking) 結構，若是在作用時間長與施加外力較大的情況下，天然橡膠就無法恢復原來的形狀，也因為這樣的缺點，使其無法被廣泛應用在工業產品上。

在橡膠從美洲傳入歐洲之後，就開始有了一些簡單的應用。例如在 1823 年時，蘇格蘭的化學家麥金塔希 (Charles Macintosh, 1766～1843) 便利用橡膠的防水效果，以兩層布夾住橡膠，做出了世上第一件具有防水功能的衣服，而這種防水布料也被命名為 Mackintosh，啟發了之後防水布與雨衣的發展。

天然橡膠的實用性能有重要突破，主要必須歸功於美國商人固特異 (Charles Goodyear, 1800～1860) 的發現。固特異對橡膠非常有興趣，並覺得這個材料具有很好的發展潛力。然而當時的天然橡膠不只品質不穩定，而且一加熱就會軟化，但溫度較低時卻又會變硬而失去彈性；最重要的是，在長時間與較大外力的作用後，變形後就無法恢復原來的形狀了。為了改善天然橡膠的特性，固特異不停地嘗試各種方法，希望能夠將天然橡膠改良到具有耐熱、耐寒且不會變形的性質。

在 1844 年時，固特異嘗試將含有硫或鉛等的不同物質加入至天然橡膠內，但是都沒能得到預期的效果。直到有一天，他不小心將樣品打翻，使得含有鉛、硫、橡膠的混合物潑灑了出來，而此時旁邊剛好有個小火爐，意外地加熱了這些灑出來的混合物，結果橡膠分子結構被交聯與固化的效果就這麼神奇地被發現了（圖 5–3）。

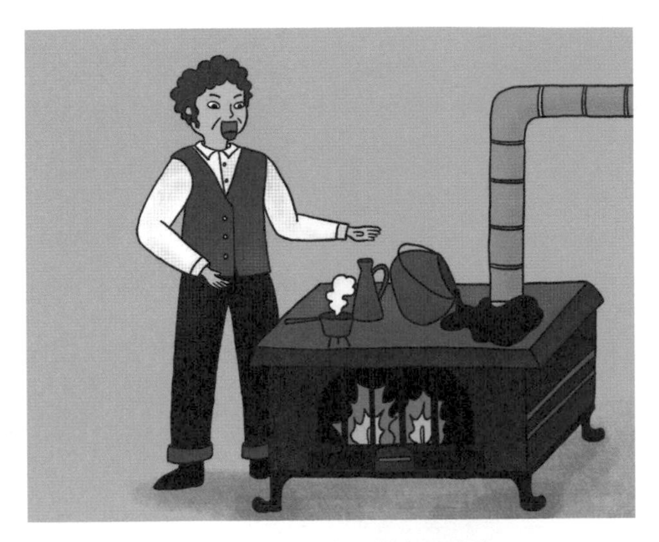

▲ 圖 5–3　固特異的意外實驗

天然橡膠與硫經過加熱後，分子鏈就會交聯起來，這樣的過程稱為硫化 (vulcanization)（圖 5–4）。一般橡膠的結構為聚異戊二烯 (polyisoprene)，其高分子主鏈上具有很多雙鍵，進行硫化時，在加入硫 (S8) 之後，硫的分子就可以把雙鍵打斷，並把不同的高分子鏈連接起來，形成所謂的三維結構。也就是說，高分子天然橡膠的硫化就是化學性交聯的過程。材料交聯起來之後，橡膠即使在經過長時間與較大的外力作用後，就算變形也依然可以恢復原來的形狀，如此一來便可以被製備成不同的物品。

目前將天然橡膠硫化後製成產品的步驟，仍然是橡膠工業中的重要製程。現在依然有很多東南亞的國家都盛產橡膠樹，並把天然橡膠及相關衍生產品出口到世界各地。

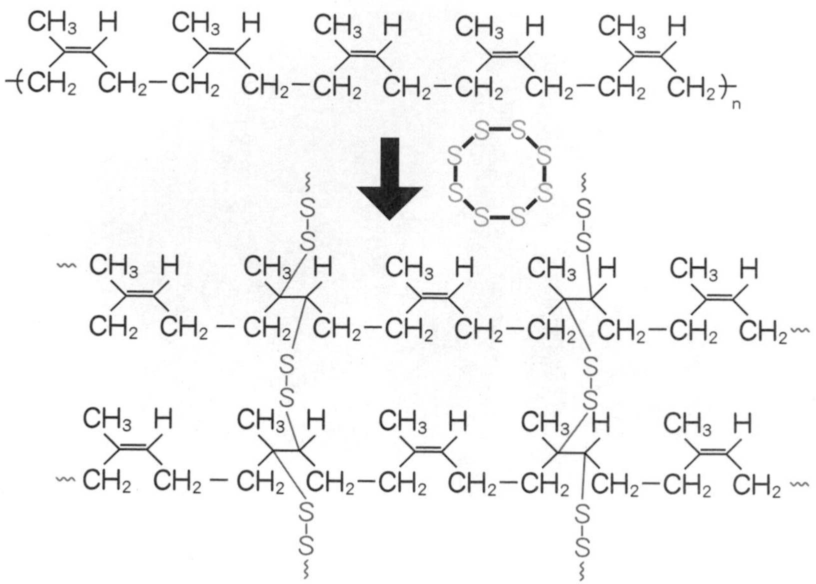

▲圖 5-4　天然橡膠的硫化過程

而固特異在意外發現硫化製程後，也開發了許多橡膠相關的產品，其中一項就是汽車輪胎。後來，固特異與他的兄弟所創辦的固特異公司 (The Goodyear Tire & Rubber Company)，也就是今日大家所熟知的著名汽車輪胎公司。

我們可以發現，固特異發現硫化現象的過程真的是一個意外，而在這個意外的發生過程中，不小心在火爐旁打翻實驗藥品也是很有可能引起火災的，然而這個插曲不僅沒有釀成大火，反而成為了開啟橡膠工業的重大發現，這的確可以說是一個非常大的意外。透過固特異的故事我們可以得知，許多看似意外的事件背後，也許都隱藏了很大的機會，正等待著人們去發掘。

鐵氟龍

另一個意外發現的著名高分子材料是鐵氟龍 (Teflon™)，鐵氟龍的成分是聚四氟乙烯 (polytetrafluoroethylene, PTFE)，其主要結構類似聚乙烯，但是在乙烯單體上接了四個氟而形成四氟乙烯單體，並在經過聚合反應後變成聚四氟乙烯（圖 5–5）。而鐵氟龍的名稱也被杜邦 (DuPont) 公司拿來作為商標名。

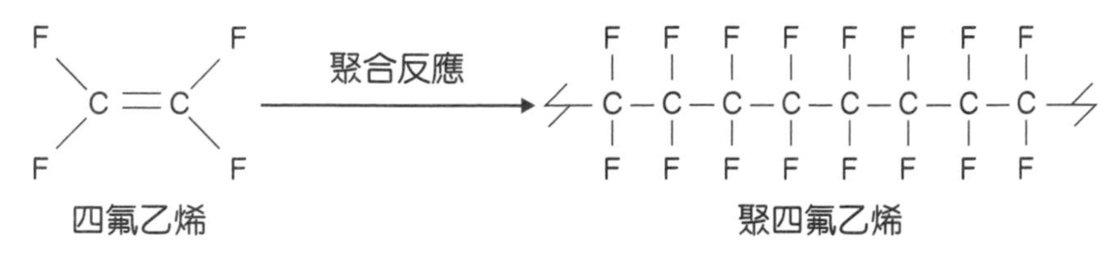

▲ 圖 5–5　四氟乙烯聚合成聚四氟乙烯

鐵氟龍具有非常特殊的特性與應用，但是與其他高分子材料相比，其聚合條件較為困難，除了需要高壓，還要具有催化劑等特殊條件。事實上，當初能夠聚合出鐵氟龍也是一個意外呢！這個意外的故事要從 1938 年 4 月 3 日說起，當時任職於杜邦公司的普朗克 (Roy J. Plunkett, 1910～1994) 所主要負責的工作並不是合成高分子，而是研究關於冷媒的氣體。當時的冷媒是使用含氟的化合物，而普朗克平時便是將四氟乙烯儲存在非常高壓的容器內。有一天，在他將容器打開要取出四氟乙烯材料時，卻發現容器內有很多白色蠟質固體產生。這些固體不僅很難刮除，而且也不易溶解在一般的有機溶劑內。於是，普朗克便把這些固體交給杜邦公司的研究人員做進一步的研究，結果發現，這些固體其實就是四氟乙烯聚合後所產生的高分子材料。在 1945 年，Teflon™ 被正式註冊成為杜邦公司的商標。接著在 1946 年，第一批使用該商標的產品開始出現在市場，於是，TeflonTM 就成為了現今我們所熟知的材料名稱，而這種材料的更多應用方式也接踵而至。普朗克由於在鐵氟龍發現上的貢獻，因此於 1973 年入選了國際塑料行業名人堂，並且在 1985 年入選了美國國家發明家名人堂。後來，鐵氟龍也成為從杜邦公司脫離出來的科慕 (Chemours) 公司的商標產品。

日後曾有研究人員深入地探討此聚合反應會發生的原因，結果發現這個「意外」的發生其實是巧合所造成。因為當時四氟乙烯單體是以高壓的狀態儲存，而且儲存的容器又是含有金屬鐵，剛好可以作為聚合反應的催化劑，才使得聚四氟乙烯高分子被意外地合成出來。聚四氟乙烯具有非常優異的機械與熱性質，又能夠耐強酸與耐強鹼，對幾乎所有化學藥品均為惰性，而且相對於其他材料，具有很高的光滑度，使其無論在化學、電子、航空、通信與建築等領域上都具有應用價值，因此現今的鐵氟龍被廣泛應用在諸多的地方。

另外，鐵氟龍的一些特性也使其在鍋具表面材質上具有高應用價值，最常見的應用就是作為不沾鍋的塗層。一般而言，疏水的材料會較為親油，親水的材料則會較為疏油，而鐵氟龍卻是少見的同時疏水又疏油的材料。不沾鍋以鐵氟龍作為表面塗層，不管碰到水或油都不易沾黏，容易清洗。由於是要應用在鍋具上，還需承受高溫熱油的烹煮與接觸食物，而鐵氟龍在高溫下非常穩定不會裂解、在熱油下不會汙染食物，非常適合此應用。此外，鐵氟龍有良好的耐磨性，在炒菜與後續清理的過程中，也不會輕易磨損掉落。不過要特別注意的是，雖然鐵氟龍有良好的耐刮耐磨性，但是在鍋具使用長久時間之後，還是要注意是否有磨損的可能。

除了不沾鍋之外，鐵氟龍還被應用在非常多的領域，像是應用在某些武器的產品上，有些槍管內部就有塗布鐵氟龍材料。為了使子彈順利發射，槍枝的槍管內部必須維持潤滑性，因此就需要在槍管內部塗上一層平滑的材質，但在槍枝擊發子彈時，會產生很大的摩擦力與高溫，這就使得該平滑的材質還必須具備有耐高溫的特性，而鐵氟龍便是少數可以同時達到這兩種特性的材料。

其實除了鐵氟龍之外，還有不少以聚四氟乙烯為主的高分子商品，另外一個常見的材料就是 GORE-TEX。現在有很多時尚品牌的衣服都會搭配上 GORE-TEX 這種材料，像是 Nike 等品牌的運動用品與服裝，有些外套動輒上萬塊，其昂貴的價值主要就是來自 GORE-TEX 材料的特性。

聚四氟乙烯所製備的 GORE-TEX 材料，不僅能夠達到防風、防水的效果，而且又相當透氣。能夠具有這些特性的原因，除了跟聚四氟乙烯原來的化學性質與疏水特性有關之外，主要是因為此材料內部的奈米孔洞結構，這些奈米孔洞相當地小，大概僅是一般水滴大小的 1/20,000。GORE-TEX 的研發人員曾經做過展示，只要用含有 GORE-TEX 的布料將人包起來，即使將人整個丟到水裡，水也無法滲入其中，可見 GORE-TEX 所製的布料具有如同雨衣般的防水效果。而以 GORE-TEX 材料所製成的衣服和一般市售雨衣不同的地方是，GORE-TEX 裡的奈米孔洞大小是水蒸氣分子平均大小的 700 倍，可以讓水蒸氣分子通過，如此一來，我們流汗所造成的水蒸氣就可以穿過 GORE-TEX 的布料，達到透氣的效果（圖 5–6）。

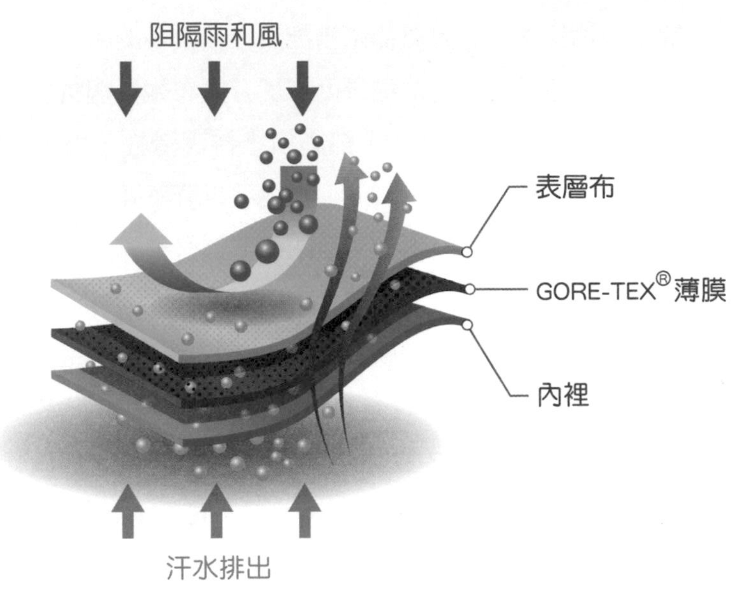

▲ 圖 5–6 GORE-TEX 布料的設計原理

相對於鐵氟龍這類疏水高分子材料，與其相反的就是一些親水高分子材料了，而聚丙烯酸鈉 (sodium polyacrylate) 便是其中一個例子。聚丙烯酸鈉是由聚丙烯酸 (polyacrylic acid) 改質而來的鈉鹽，屬於一種超吸水性高分子 (superabsorbent polymers, SAP)。僅需少量的此類高分子就可以吸收高出其質量 200～300 倍的水，因此聚丙烯酸鈉是尿布材質中常見的成分。尿布吸收水分的原理很簡單：在尿布中有很多高分子粉末，當水滴在尿布上時，由於滲透壓不平衡的關係，水分會持續進入尿布當中，進而膨潤尿布內部的高分子以平衡滲透壓（圖 5–7）。由上面的例子可知，不管是疏水或是親水的高分子都有其可能的應用方式。

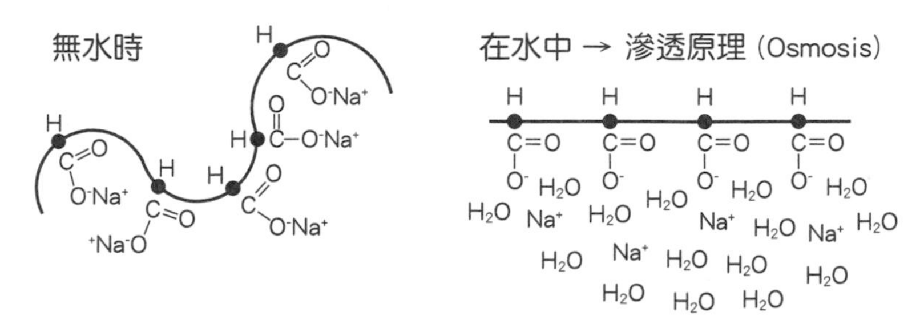

▲ 圖 5–7　高吸水性聚丙烯酸鈉的吸水原理

導電高分子

第三種意外發現的材料是導電高分子 (conductive polymer)。一般塑膠不會導電，是因為有機高分子是由碳–碳單鍵連結形成，而電荷是無法在高分子鏈上移動的。若要擁有導電效果，則該材料的高分子結構裡就需要具有共軛高分子鏈（圖 5–8）。以聚乙炔為例，乙炔原來的單體結構中含有三鍵，在聚合反應之後就會形成雙鍵、單鍵交替組合的結構。除了原有的 S 軌域，同時還具備了 P 軌域的電子，兩軌域的重疊可以讓 π 電子游離通過相鄰的 P 軌域，形成離域電子 (delocalized electron) 和混成分子軌域的共軛鍵結。當電子可以在分子鏈上自由移動時，就可以產生導電效果。現今導電高分子被應用在許多不同的領域，例如：有機場效電晶體 (organic field-effect transistor, OFET)、有機太陽能電池 (organic solar cell, OSC)、有機發光二極體 (organic light-emitting diode, OLED)、生物

感測器 (biosensor)，都是利用高分子的導電特性所延伸出來的前瞻性領域。

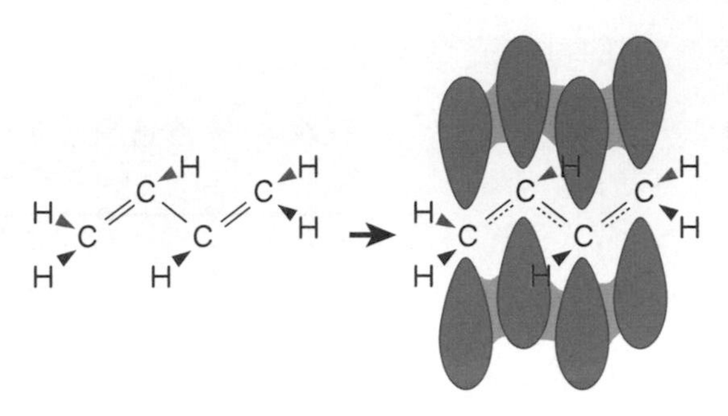

▲圖 5–8　導電高分子的共軛鍵結

不同於許多有目的性的高分子研究發展，導電高分子的發展完全出於意外。1967 年，任教於日本東京工業大學的白川英樹 (Hideki Shirakawa, 1936～) 教授所專精的領域便是高分子聚合研究，而導電高分子的意外發現是源自一位當時來到他實驗室訪問的韓國學者。原本白川英樹在合成聚乙炔高分子時，通常得到的都是黑色的粉末，但這位訪問學者在參考過去的做法合成聚乙炔時，居然沒有得到預期中的黑色粉末，反而製備出了一種帶有銀色金屬光澤的薄膜。以現在的角度來看，這就是一次無法重複過去實驗結果的失敗實驗。然而，當時白川英樹很想知道為什麼會得到如此意料之外的結果，在他回去檢視了實驗紀錄簿之後發現，這些錯誤可能是來自於催化劑的使用不當。過去他們實驗室在合成聚乙炔材料時，都是加入千分之一莫耳 (mmol) 的催化劑，但是該位訪問學者實際所用的催化劑量竟然高達 1 莫耳。可能是因為這些高達原來添加用量

1,000 倍的催化劑加速了整個聚合反應的過程，而意外得到了具有金屬光澤的聚乙炔薄膜。在有意地提高催化劑的用量後，白川英樹實驗室的確能夠重複製備出同樣具有金屬光澤的聚乙炔薄膜。

後來有一次，美國賓州大學的麥克戴爾米德 (Alan G. MacDiarmid, 1927～2007) 教授剛好到日本東京工業大學進行演講，在演講過後，白川英樹就與麥克戴爾米德討論了那次特別的實驗，並將他們意外地合成出了帶有金屬光澤的高分子薄膜的結果告訴了麥克戴爾米德。而麥克戴爾米德在回國之後，就邀請白川英樹到美國賓州大學建立相關的聚乙炔合成實驗裝置，後來也曾經嘗試將合成出來的聚乙炔薄膜曝露於碘蒸氣中，使其進行氧化反應，結果竟然發現，這些氧化聚乙炔薄膜所具有的光學性質會有明顯的變化。當時也在美國賓州大學物理系任教的艾倫．希格 (Alan J. Heeger, 1936～) 在得知這個結果後，就幫忙量測這些氧化聚乙炔薄膜的導電度，並發現經過碘蒸氣氧化的聚乙炔薄膜，其導電度竟然比原來的薄膜高了 10 億倍。經過這次發現，科學家們才確定高分子是可以具有導電性的，也因此開展了導電高分子的眾多研究與應用發展。而白川英樹、麥克戴爾米德、艾倫．希格也於西元 2000 年共同獲得了諾貝爾化學獎的殊榮。

導電高分子目前已被應用在眾多的領域，例如：有機發光二極體就是利用高分子導電之後可以發光的現象，而發出的光色也與其共軛長度及能隙 (band gap) 有關，此現象稱為電激發光。另外，導電高分子也可以應用在有機太陽能電池上，其原理主要是利用導電高分子在吸收太陽光之後，可以將能量轉換為電能而加以傳遞。比起傳統以矽為主的無機太陽能電池，用高分子作為主體的有機太陽能電池具有製程簡單、元件可折疊之優點，雖然目前效率仍無法與傳統的無機太陽能電池抗衡，但是科學家們正如火如荼地進行研究，期望有朝一日可以真正取代傳統太陽能電池。此外，因為高分子材料也具有易彎折的獨特特性，若能夠將導電高分子材料與穿戴式感測器進行結合，將會有很高的應用價值。

Post-it™ 便利貼

另外一個與高分子材料相關的意外發明，就是大家現在很熟悉的 Post-it™ 便利貼（圖 5–9）。便利貼的好處在於：具有適當的黏性，可以很容易貼在物品或是牆壁上，但其黏性又不會太強，能夠很輕易地取下使用，且不會留有殘膠。

▲ 圖 5–9　Post-it™ 便利貼

然而，便利貼的發明卻源自一個意料之外的發現。1968 年時，美國 3M 公司的資深化學家席佛 (Spencer F. Silver III, 1941～2021) 博士本來打算開發一種黏性很強的黏著劑，但在過程中卻意外地製作出了一種低黏著性的黏著劑。這種黏著劑的材料是由很微小且不易損壞的丙烯酸酯 (acrylate) 球所製備而成，和原來想要開發的高強度黏著劑性質完全相反。席佛認為如此低黏著性的黏著劑也許還是會有可能的應用，因此他在 3M 公司內部，透過討論與公開演講來邀請其他有興趣的同事一起參與新材料的開發，沒想到花了五年的時間，也未能找到這個意外發明的可能應用方式。直到 1974 年的某一天，同樣任職於 3M 公司的傅萊 (Arthur Fry, 1931～) 參加了席佛的演講，該材料才終於遇到了伯樂。傅萊平常會參加教堂的唱詩班，但他在唱詩班時有個困擾，就是每次打開詩歌歌本時，用來註記的紙片常常會滑落到地上，造成練習時的不便。某天在聽傳道時，傅萊靈光一閃，想到席佛的特殊黏著劑也許可以幫他解決這個困擾已久的煩惱，於是他就從席佛那裡取得這種低黏度的黏著劑，並發現它可以將紙籤固定在詩歌歌本上，而且在想取下時也能輕易撕下來，這個概念在日後使他漸漸地發想出了便利貼的創意。

1977 年，3M 公司首次在四個城市內販賣名為 “Press ‘n Peel” 的書籤，但是銷售效果極差。一年之後，3M 公司使用另一個行銷策略，提供給消費者免費產品試用，結果 94% 的試用者都表示願意再次購買此產品，使得產品銷售量大幅增加。在 1979 年後，這項產品便改以 Post-it™ 作為名稱銷售；從 1980 年 4 月 6 日起，這項產品開始在全美銷售，並很快地在隔年銷售至加拿大與歐洲。

現在不管是學生或是上班族，都會廣泛地使用便利貼，但卻鮮少人知道，這項發明其實是在意外中所創造出來的產品，而且當年的人們還沒有使用這項產品的習慣時，這樣便利的發明也是花費了許多時間才讓一般群眾接受。特別有趣的是，現在大家所熟悉的便利貼主要顏色——鵝黃色，也是在意外中挑選出來的。日後的便利貼之所以主要是這個顏色，只是因為當初開發便利貼的研發團隊的手邊，剛好只有黃色的廢紙可以使用。

在便利貼推出之後，雖然也有其他公司推出了類似的產品，但是一直沒有辦法取代 Post-it™ 便利貼的地位，Post-it™ 便利貼至今都還是相關產品的市占率冠軍。其優於其他產品的特性主要有三個地方：第一個特性在於便利貼有適當的黏著力，如果是黏性太黏的書籤，會不容易撕除，但黏著力太弱的話，書籤則無法被好好固定在物品上而易掉落；第二個特性是能夠被乾淨地撕掉，這和第一點有著很大的關聯性，因為往往黏著性高的材料在撕除之後，會留下殘膠，破壞物品的表面，但是如果想盡量不留下殘膠，往往又需要犧牲掉黏著性，而 Post-it™ 便利貼就恰巧能在這之間取得很好的平衡；第三個特性是便利貼表面要有良好的書寫性，因為 Post-it™ 便利貼所用的高級紙材有經過特殊的表面處理，無論是油性筆、水性筆或是鉛筆都可以在紙張上滑順地書寫，能夠同時因應不同的書寫需求。除了上述三個優點外，Post-it™ 便利貼也在設計上也有著方便、貼心的巧思，推出了許多不同大小和形狀的產品，這也造就了 Post-it™ 便利貼經典不敗的地位。

環保塑膠

前面所提到的幾種高分子材料，主要都是二十世紀或更早以前的意外發現，不過其實近期的高分子領域，也仍有許多令人驚喜的意外發現，例如 2014 年在《科學》(*Science*) 期刊上所報導的環保塑膠，就是一個創新的意外發現。

在高分子材料的分類上，可以依照其性質分為兩大類，分別是熱塑性聚合物 (thermoplastic polymer) 及熱固性聚合物 (thermosetting polymer)。這兩種聚合物的區別在於，將材料加熱後所產生的變化。在上升到一定溫度後，熱塑性聚合物會軟化，使得原本已經定形的材料再次具有可塑性，後續便可以再重複利用；另一方面，熱固性聚合物是經過交聯作用所成形，因此即便上升到高溫，也很難再去重塑形狀。由於熱固性聚合物具有優異的機械性質與較輕的重量，因此在許多現代車輛或是飛行器上都有相關應用，此外，許多熱固性聚合物也會搭配碳纖維作為複合材料來使用。與熱塑性聚合物相比，熱固性聚合物往往具有較佳的耐熱性、抗腐蝕性，以及不易磨損的性質，但同時，難以回收也成為此種材料的缺點。因為考量到環境保育和永續發展，很多科學家一直致力於研究回收熱固性聚合物的方法，卻依然遲遲無法提出有效的方案，然而，隨著一種可回收新塑膠的發現，這個研究領域上的突破終於又燃起了希望。

這個新塑膠材料是由加西亞 (Jeannette M. Garcia, 1982～) 博士所發現，加西亞任職於 IBM 公司位在美國加州聖荷西 (San Jose) 的阿爾馬登研究中心 (Almaden Research Center)，而這個材料的發現過程純屬意外。某次，加西亞做完實驗後，在反應瓶內留下了三種化合物，後來當她再次查看那個反應瓶時，卻發現裡面的三種化合物形成了一種很硬的塑膠。加西亞想要知道這種塑膠材料的成分到底是什麼，於是她拿出鐵鎚將圓底反應瓶敲破，並將當中的塑膠取出，結果發現這塊很硬的塑膠的構成成分竟然出乎意料地簡單。這個新塑膠材料不僅非常堅硬而且穩定，還有一個最關鍵的特性，就是它可以在酸中被分解，此種消化分解反應 (digestion reaction) 就能夠讓這種高分子材料轉變回原來的單體材料而被重新回收使用。

由於合成這種材料的反應如此簡單，讓加西亞覺得這樣的材料應該早就已經被合成出來了，但在她查閱了種種文獻之後，卻驚奇的發現這種材料其實從來沒有被合成過，她是第一個意外地合成出來的人，這實在是又驚喜又幸運的事情。當確定此類材料在過去並沒有被合成出來過後，加西亞立刻重複了她的實驗來確認，這些堅硬的塑膠材料是可以被重複做出的。當然，加西亞也因此浪費了更多的反應瓶。

在後來發表的《科學》期刊文章上，加西亞介紹了這個材料的合成與鑑定過程。這是一種以多聚甲醛 (paraformaldehyde) 與 4,4′-二氨基二苯醚 (4,4′-oxydianiline, ODA) 作為起始材料，並在低溫環境下進行縮合聚合 (polycondensation) 反應，所形成的一種半胺縮醛的動態共價鍵網狀結構 (hemiaminal dynamic covalent networks, HDCNs)。而此網狀結構在經過 200 °C 高溫後，可再進一步形成所謂的 PHTs (polyhexahydrotriazines)。HDCNs 及 PHTs 結構是含氮的熱固性聚合物，當此材料儲存在 pH 值小於 2 的酸性環境中，就會回復為單體狀態。這樣特殊的性質使其可以非常有效地被回收使用，比方說當此塑膠被使用過後，就可以再回收重新聚合和塑造成新的形狀。

加西亞後來與其他研究人員也採用了類似的方法，並結合使用不同的單體，製作出可彎曲與自我修復的材料。此項研究在《科學》期刊發表後引起了很大的迴響，也被 BBC 等知名媒體報導，認為此項意外發現也許可以成為環境永續發展的突破新契機。

異向性高分子

除了意外的實驗發現之外，有時候生活中所不經意觀察到的事物也可以誘發人們的研究靈感。

舉例來說，國立陽明交通大學應用化學系的陳俊太教授就有幾次類似的經驗。有一次，陳俊太教授與幾位日本學者約好到鼎泰豐餐廳一起用餐，陳教授因為比較早到現場，就在餐廳門口等候。當時，他透過門口的玻璃，可以看到餐廳裡的員工正在製作水餃的餃子皮，整個製作流程基本上就是先將麵團揉成圓球狀，再以擀麵棍滾平，使圓球狀的麵團成為扁平狀的圓型餃子皮（圖 5–10）。看

▲圖 5–10 餃子皮製作過程

著看著，陳教授的腦中突然閃過一個有趣的新靈感。這個靈感與高分子粒子有關，因為在高分子粒子的研究領域，若要製備出球型的高分子粒子往往是比較容易的，這個情況可以用一團黏土來作為比喻，當物體的體積固定時，若是形成正球體的形狀，就會有最小的表面積與表面能。這時，球體的半徑是 r，體積為 $(4/3)\ \pi r^3$，表面積則是 $4\pi r^2$。而在一般合成高分子粒子材料時，例如利用乳化聚合 (emulsion polymerization) 等實驗方法，在適當乳化劑 (emulsifier) 的添加下，也會因為要減低表面積與表面能，而較容易合成出球狀的高分子。球狀粒子具有等向性結構 (isotropic structure)，而近年來為了拓展高分子粒子的應用，有愈來愈多的學者想製備出異向性的高分子粒子結構，以研究非等向粒子在液體中會有的特殊流動與傳輸行為。若該研究能就順利完成，那麼在像是噴墨印表機等領域中就會有應用的可能。然而在製備異向性高分子粒子的技術上，目前還欠缺很有效率的方法。

當時陳教授看著餃子皮的製備過程，聯想到了異向性高分子粒子材料的製備。受到餃子皮的啟發，陳教授想到：若將已合成出的圓球狀高分子粒子球比擬為麵團，將其在兩片矽基板中間進行加熱、加壓，也許就可以很有效率地將球狀高分子粒子壓扁為扁平狀的高分子粒子。幾天後，陳教授就與實驗室研究生講述了這個從生活中啟發的研究想法，之後也請他的一位碩士班研究生高怡惠同學進行相關實驗，沒想到實驗出乎意料地順利，不但成功地製備出異向性高分子粒子，還可以產生非常多形貌的變化。在實驗中，主要使用的是聚苯乙烯高分子微球作為起始材料，並藉由在加熱環境下，對高分子微球施加特定壓力，發現可以透過控制施加的壓力大小、施壓持續的時間，以及施壓時的加熱退火溫度不同，來調整高分子粒子的形貌變化與潤溼矽基板的程度，進而得到不同形貌的異向性高分子粒子，包含像是酒桶狀的凸面柱粒子或是扯鈴形貌的內凹狀粒子。陳教授也將這個獨特的方法命名為奈米按壓法 。

這個突破性的技術被發表在高分子領域的重要期刊《*Macromole-cular Rapid Communi-cations*》，同時也因為此工作的新穎性與前瞻性，被該期刊的德國編輯委員選為封面故事（圖5-11）。在與編輯委員通信討論封面故事的過程中，陳教授提到了此工作一開始的靈感來源，其實是因為看到鼎泰豐餃子皮的製作過程而聯想到製備異向性高分子粒子的方法。後來編輯委員知道這個故事後，就回信表達她對於這個故事的高度興趣，認為此故事對於科學研究人員很具有啟發意義，因此她決定為這個故事另外撰寫一篇專文報導，發表在該期刊的新聞網站上。而那篇專文的標題非常有意思，名稱叫做〈從廚房到實驗室：由水餃啟發的奈米科技〉(*From the Kitchen to the Lab: Dumplings Inspiring Nanoscience*)。這篇專文將陳教授站在鼎泰豐外觀看餃子皮製作的故事，以及後續研究的規畫都精彩地記錄下來，同時也啟發了許多讀者與研究人員。

▲圖 5-11 《Macromole-cular Rapid Communi-cations》期刊封面

如何培養觀察力與好奇心

創新的教學方式

雖然在前面的故事裡，我們看到這些讓人類生活更加便利美好的發明許多是來自於幸運的意外，但其實我們真正要從中學習的，並不是那些無法複製的機運和巧合，而是當幸運的意外發生時，能夠以自己的觀察力與研究方法去發掘與探索的科學家精神。當有了意外的初步發現，要對未知事物充滿好奇心，也需要有縝密的實證精神才能將意外的發現轉換成真正實用的發明。

在目前的校園中，為了訓練學生們能夠運用觀察力與好奇心，教師們也做了很多的努力，希望能夠培養學生獨立思考的能力。舉例來說，陳俊太教授在這幾年高分子的教學上，進行了許多創新的嘗試，期許學生們在遇到可能的意外發現時，能夠保有對未知事物的熱忱與赤子之心（圖 5–12）。

我教的不是高分子，而是人生。

追求自我榮譽的校園解謎

原來好公司都藏在臺灣

期中考猜題？就讓你出題！

出乎意料的報告模式

讓你上癮的作業考試

高分子奈米材料課程

獨特有趣的上課方式

緊張刺激的戶外教學

特殊小道具　桌遊教學

虛擬實境　上課請閉眼

什麼！要去新竹巨城上課！

▲ 圖 5–12　陳俊太教授的創新教學課程

在陳教授的課程中，除了基本的講述教學與相關影片介紹之外，也設計了豐富有趣的課程橋段，如：「學生臨場總結」、「小道具輔助教學」、「用魔術見證科學奇蹟」、「瘋狂科學猜成語」、「上課請閉眼之問答教學法」、「桌遊輔助教學」、「期中線上解謎」與「互動科學討論」等部分，以增加學生對課程內容的興趣與學習動機，進而提升學習效率。

此外，陳教授還帶領學生至新竹巨城購物中心進行「Running Nanoman!（奔跑吧，奈米人！）」的大型戶外解謎課程活動，實際體驗生活中的奈米產品。在期末報告時，則結合奈米產品報告與競標活動，讓學生可利用所學發揮創意，設計出獨特的奈米產品，甚至能從中體驗人生道理。新穎的課程內容，無論是在課程的過程中或是結束後，均能有效提升學生學習興趣並獲得正面的迴響。

瘋狂科學猜成語

為了培養學生們的想像力與創造力，陳教授設計了一個「瘋狂科學猜成語」的作業。這個創新作業的執行方式主要是受到一個手機 App 遊戲「瘋狂猜成語」的啟發，這個 App 遊戲的內容，是根據螢幕上給的圖片與提示，去猜出四個字的成語，例如螢幕上的圖片是顯示九頭牛與兩隻老虎，那麼成語的答案就是「九牛二虎」。陳教授看到學生在下課時非常熱衷於這個遊戲，就想到這樣的概念應該可以應用在課堂上來培養學生的創意。後來，他便設計出了給大學生跟研究生的「瘋狂科學猜成語」作業，希望學生們利用上課學到的專業科學知識，去設計有關的猜成語題目。圖 5–13 是其中一位修習陳教授課程的學生所出的題目，請看圖來猜出四個字的成語。

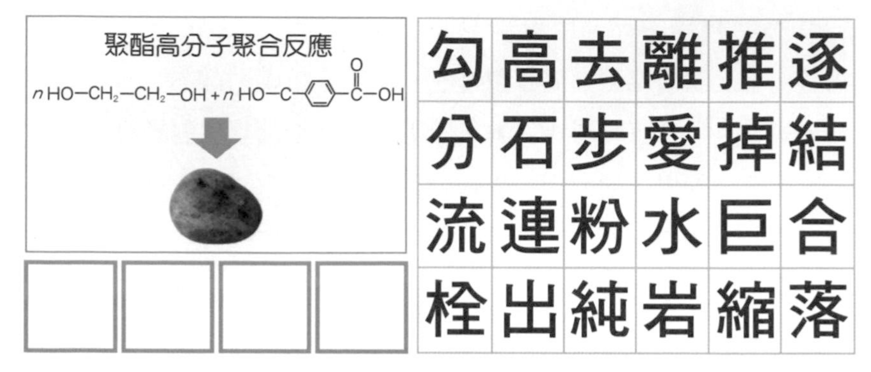

▲ 圖 5–13　「瘋狂科學猜成語」作業

圖中左邊是一個高分子合成的方程式，右邊的文字則是可能答案的提示。以這個題目來說，主要需要的是高分子化學的知識，以及發揮創意的巧思。如果有上過高分子化學課程或是瞭解高分子合成反應原理的學生，就能理解到圖中的合成反應，是由醇類和酸類進行反應，形成聚酯高分子，而產生的副產物則是水，而反應式下面又有一顆石頭，如此一來就可以推理出成語答案是「水落石出」。

與傳統的作業很不一樣，這樣的創新作業，學生都有極高的興趣。為了想要設計出一個很有創意的題目，他們需要時常翻閱課堂講義，因此，這樣的作業方式，不但可讓學生在不自覺的情況下復習上課的內容，使他們對專業知識融會貫通，也能夠發揮與訓練學生的想像力及創造力。

結合角色扮演之互動科學討論

除了傳統的講述式教學之外，陳教授也嘗試了創新的互動科學分組討論，該活動主要是參考張輝誠老師的「學思達教學法」。從教學經驗來看，利用專業的科學文章，以分組的方式讓同儕之間相互討論，可以達到相當好的學習效果。以這樣的方式來學習，很多的知識是學生由同組的組員之間互相教導而來，而非完全從老師的口述中獲得。

在分組方面，為了達到最佳的分組效果，陳教授會以課前問卷的方式預先調查學生們的基本資料。在學期初先請每位修課的學生填寫問卷，那麼在分組的時候，就可以將學生們依年級或是所在實驗室的研究主題來交錯編組，使得分到同一組的學生擁有多樣的背景知識，如此一來在討論的時候，便會得到更好的效果。

整個活動的進行主要分成三個環節：獨立學習、分組討論與上臺報告。分組討論的文章會事先印好發給學生，內容可以是與課堂章節有關的科學期刊內容，或是相關的科技新聞。最一開始的獨立學習部分，是讓學生們於課堂上進行短時間的自學，當場訓練學生的英文閱讀能力。而在讓學生自學的同時，也要將自己思考的問題公布出來，這樣學生在自學的時候，就能有清楚的學習目標。

接下來的分組討論部分，可以允許學生自己找地方進行，到校園的不同角落進行討論，像是陳教授的課堂學生也有到交大小木屋鬆餅邊吃邊討論的經驗。討論活動還帶入了桌遊中的「角色扮演」概念，小組成員將各自扮演不同的角色，每個角色都有不同的任務；因為活動內容是討論專業的科學期刊，所以角色分別有「正面審稿人」(positive reviewer)、「負面審稿人」(negative reviewer)、「期刊編輯」(editor)、「作者」(author)、「公司」(company) 等。舉例來說，若是擔任正面審稿人的角色，就要盡量找出這篇論文的優點和創新之處；若是擔任負面審稿人的角色，則是要找出這篇論文的缺點與不足之處；若擔任的角色是期刊編輯，要以更全盤審視的角度來評斷整體工作的重要性與發表價值；擔任作者的角色，就必須計畫此工作未來可能延續的方向；而若角色是公司的人，則要考量這個研究是否有做成實際產品的價值。由於每個人的角色任務不一樣，因此在討論的過程中，就能以不同的觀點與角度來檢視同一個研究工作，學生也會因此學到更多（圖 5–14）。

▲ 圖 5–14　學生分組討論

最後是上臺報告的部分，同樣也是根據不同角色來進行各組的報告。臺下學生可以對報告組做挑戰質詢，再由報告組給予回應。整體而言，此項結合角色扮演的科學討論活動，在面對同一個研究題目時，不像一般的分組討論都只有從單一讀者的角色切入，這些不同的角色可以用不一樣的觀點來深入思考，並可因此嚴謹地批判同一篇論文的論點與實驗證據，如此一來就能夠有效地訓練學生從多方面進行思考與批判的能力（圖 5–15）。

▲ 圖 5–15 學生團體上臺發表

結合競標活動之期末報告

在期末報告的部分，陳教授則是設計了結合競標活動的報告方式。例如在「高分子奈米材料」這門課中，雖然講述了相當多奈米儀器的原理與奈米材料的特性，但是學生們對於奈米材料在實際生活應用上的認識仍然很少。因此，陳教授結合了奈米產品報告與競標之活動，讓學生以分組方式，將課堂上所學到的知識與自己的創意結合，設計出獨特的奈米產品。除了報告自創的奈米產品與原理，也要與市面上現有的奈米產品進行比較，並用競標的方式，達到最佳的聽眾參與效果，同時也能讓學生體驗競標式的商業活動與人生的道理。

在這門課之前的期末報告設計，都是採取單人報告的方式，但是後來發現，單人報告時無法激發團隊合作的效果，因此就改成兩人分組合作的方式。另外在報告的內容上，過往都是請學生們報告市面上現有的奈米產品並講述其原理，不過這樣的方式卻會使學生缺少了發揮出自己創造力的機會，所以在後來的課程中，陳教授便將報告方式改為要求每組要提出一個自創的奈米產品，並且設計自己新創公司的名字與商標。為了說明此新創奈米產品的可行性，因此也必須與市面上已有競爭對手的產品來做比較。

一般的學生報告多以口頭加上投影片的方式呈現，較缺乏變化性，也較難吸引臺下學生的注意。為了增加學生們報告的豐富性，在各組討論報告前，都要抽籤決定該組將以何種特殊的表演方式呈現報告，例如：默劇、阿卡貝拉、跳舞、RAP、購物臺、脫口秀……等，這樣的方式不僅非常有效果，也非常有「笑」果。

這個報告同時結合了競標的活動，每一組除了擔任報告者的角色，在其他組別報告時，每個人也同時擔任天使投資人 (angel investor) 的角色。在報告活動進行前，每個人都會有 100 萬元的虛擬奈米幣，在每一組報告結束後都可以用虛擬奈米幣進行競標活動。因為有這個活動，在各組報告期間，其他沒有報告的學生也會非常專注地聽講，盡量以投資人的眼光來判斷產品是否值得投資，這對學生在未來從事可能的創業或是商業活動也很有幫助。而競標活動也需要有非常高的商業概念與分析判斷技巧，甚至有些厲害的投資人可以用較少的金額競標到比較多的產品，算是有很獨到與精準的投資眼光。

在競標活動中，除了可以競標報告組別的奈米產品之外，陳教授還設計了不同的人生夢想競標項目與實體的小獎品，穿插在各組報告之間，競標項目例如開自己的公司、多益考試得 880 分、當志工幫助弱勢等。其中一個很有趣的項目是，讓大家直接將競標時所使用的虛擬奈米幣拿出來作為競標項目，例如讓大家用奈米幣來競標十萬元的奈米幣。令人意外的是，十萬元的奈米幣往往會被以超過本身價值的競標價標走，讓學生們體會到人生的無常與樂趣。有時候在競標人生項目的過程中，也能夠讓學生們領悟到人生的現實與抉擇的道理。

最特別的是，在競標活動中有一個競標項目為「樂於助人」。陳教授曾準備了一個特別禮物——五百元的便利超商禮券，並跟全班學生說明這是一張「好事券」，競標到「樂於助人」這個項目的人，可以拿這份禮券去做一件善事，希望活動能夠使學生在獲取知識之餘，也可以瞭解到助人為樂的道理（圖 5–16）。

▲ 圖 5–16　競價活動中的虛擬奈米幣與好事券

考試加分題

一般化學專業科目的考試方式，通常都是使用紙本考試，但是學生們往往於考試結束後很快就會遺忘上課及考試的內容，相當可惜。因此，陳教授在期中與期末考中，都會設計特殊的加分題來增進學生學習的效果。雖然加分題占的分數都很少，但學生們總是會非常熱情地參與。已經畢業幾年的學生回來學校時，也常會與陳教授提起當年印象深刻的特別加分題。

舉其中一次加分題的題目為例，那次活動進行的方式是先以提示將學生引導到校內的某個大樓門口，並請他們觀察地磚裂痕的模樣。若仔細觀察就會發現，這些裂痕竟然與很多化學分子結構非常相近（圖 5–17）。而這個加分題就是請學生們用手機拍攝某個地磚的裂痕圖案，再發揮創意寫下與裂痕形狀相似的化學分子結構，並依照國際純化學暨應用化學聯合會 (International Union of Pure and Applied Chemistry, IUPAC) 的化學標準來命名，就可以獲得額外加分（圖 5–18）。

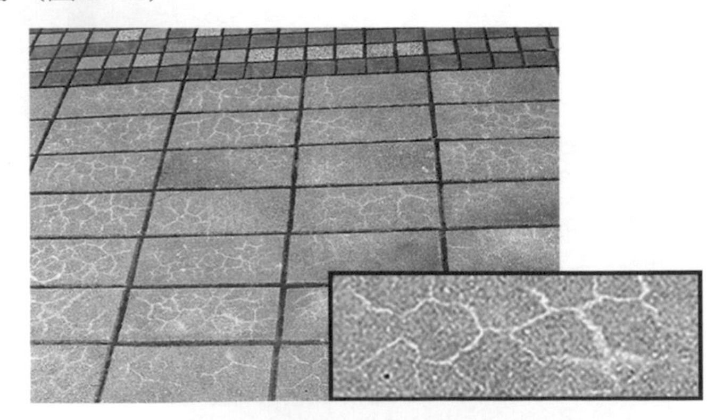

▲ 圖 5–17　地上龜裂的地磚裂痕圖案

▲ 圖 5-18　學生實際於校園內尋找加分題提示

後來同學們都發揮了自己的化學專業知識，寫出符合地磚龜裂圖案的化學結構與命名，以下是某位修課學生所拍的圖案與化學命名（圖 5-19）。

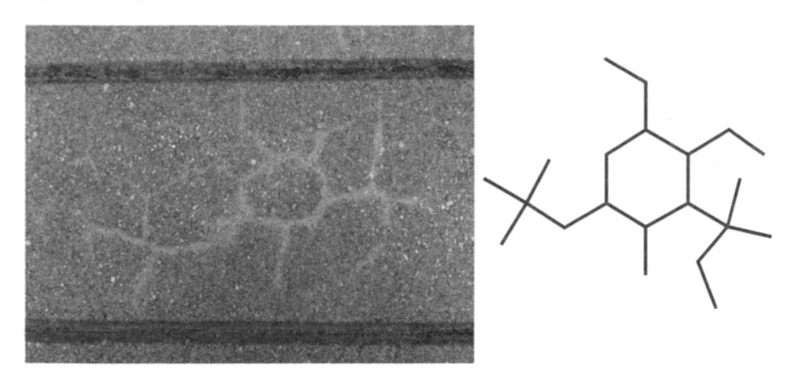

1,2-diethyl-4-methyl-3-tert-pentyl-5-neopentylcyclohexane

▲ 圖 5-19　學生所給出符合龜裂地磚裂痕圖案的化學結構命名

這個加分題活動相當有趣，經過這個活動之後，學生們都很驚訝地發現，沒想到每天踩在腳底下的地磚因天氣變化而造成的龜裂圖形，竟然與化學結構如此的相似，有的甚至是一模一樣，這也讓他們體會到「原來生活中充滿化學！」。從此之後，學生在下課或是平日走動時，也會開始用心觀察四周，看看是否有與科學或是化學有關的小東西，激發大家對研究科學的熱情與興趣。

結論與啟示

看了這麼多高分子領域的意外發現與創新的高分子教學活動，不知道讀者們有沒有得到什麼啟示與想法？

固特異先生意外地將橡膠混合物撒在小火爐旁，造就了硫化橡膠的發明，後續還被應用在汽車輪胎的改良上；普朗克先生因為把四氟乙烯放入鐵製的高壓容器裡，意外製造出了聚四氟乙烯，後來發展出可以作為商品的鐵氟龍材料；白川英樹實驗室因訪問學者搞錯催化劑的用量，意外製備出具有金屬光澤的聚乙炔薄膜，此後展開了一系列導電高分子的研究；席佛博士原來要進行超強黏著劑的開發，卻意外製備出性質相反的低黏度膠水，應用在方便好用的 Post-it™ 便利貼上；加西亞博士將三個化合物遺留在反應瓶內，意外發明了可回收塑膠；陳俊太教授在鼎泰豐餐廳門口等候時，因為觀察水餃皮的製作過程，意外地想出製備異向性高分子粒子的方法。

對一般的研究人員來說，儘管這些故事發生在過去，但仍會有很大的啟發。因為在研究與實驗的過程中，往往會有實驗失敗或是得到非預期成果的時候，這時其實可以認真思考這些實驗失敗的原因，因為這些原因或許就會成為研究上的一個重要轉機。這種「把握意外」的能力養成，除了教師們可以用創新的教學方式來培養學生的觀察力與好奇心之外，也鼓勵每個人都可以用心觀察生活周遭的一些微小、平凡的細節，因為或許在這當中，便可以得到特別的研究靈感。

CH 6

沙利竇邁的詛咒與庇佑

撰文／陽明交通大學生命科學系暨基因體科學研究所兼任教授　周成功
彙整／趙揚光

「沙利竇邁」在上世紀的五十年代，最初被認為是最安全的鎮靜劑，一度成為治療妊娠嘔吐最可靠的藥物。但卻很快地被發現它是造成全球上萬畸形嬰兒出生的罪魁禍首。頓時，它彷彿成了一個詛咒，在世人心中留下了揮之不去的陰暗形象。然而，不多時，在地球另一個偏遠的角落，於急病亂投藥的偶然中，意外地發現它對痲瘋病 (leprosy) 引發的自體免疫有奇效，接著發現它對愛滋病、多發性骨髓瘤 (multiple myeloma) 也是價廉、有效的另一種選擇。

今日提到「沙利竇邁」，人們多半記得的仍然是它的詛咒，而非它帶給人們的庇佑。沙利竇邁這個從詛咒到庇佑的歷程，是近代醫藥發展史上一個重要的轉折，值得我們再次地琢磨與省思。

沙利竇邁誕生的年代：不確定的烏托邦

二次世界大戰結束後的 1946 年，格蘭泰 (Grünenthal GmbH) 藥廠在百廢待舉的德國成立。格蘭泰成立後隔年，成為德國第一個被盟軍允許製造盤尼西林的藥廠。十年後，格蘭泰正式推出沙利竇邁這款新藥，冀望藉以彌補因為抗生素降價帶來的營收損失。

二十世紀五零年代被認為是一個「不確定的烏托邦」，那時才剛剛擺脫了二次大戰的集體陰霾，而電腦、省油汽車、波音 707 等科技產品的問世，給予人們一片欣欣向榮的感覺。曾聞名全球的《生活》(Life) 期刊在 1957 年出版了一份特刊，主題就是「人類的新世界——科技革命性地改變了我們的生活」，反映了人們對科技的嚮往，令人不得不聯想到赫胥黎 (Aldous L. Huxley, 1894～1963) 的《美麗新世界》(Brave New World)，在這個美麗的新世界裡，科技突飛猛進地發展，將帶給人類無數生活上的改變。特刊裡還推測未來二十年後，人們將會看到噴射汽車、全由塑膠打造的房子等最新技術，這些對未來的美好憧憬，讓人們更加期待與擁抱新科技的到來。

但另一方面，那時韓戰甫告一段落，越戰卻又正在醞釀上場，此外，也發生了蘇伊士運河的衝突，甚至還有美蘇核子大戰相互毀滅的惡夢，無時無刻不在提醒我們人類可能面臨終結的時刻！當時英國哲學家羅素 (Bertrand A. W. Russell, 1872～1970) 還發起「寧赤毋亡」(Better red than dead) 的宣告。而蘇聯在 1957 年 10 月 4 日成功發射世上第一顆人造衛星，造成歐美世界極大的恐懼，加上美國遍及大學校園中的民權運動、亞洲流感大流行等等，各種令人不安的事件不斷地在那個年代衝擊著民眾的日常生活。二次大戰落幕也不過才十幾年，戰時日夜轟炸的情景在人們心中餘悸猶存，加上這許多未知的新恐懼不斷在人們的腦海中徘徊，在美麗的新世界裡，鎮定劑、安眠藥成為了家庭日常的必備物品。

尋找更安全的安眠鎮定劑

當時英國有 1/8 的處方是用來購買安眠藥，美國則於 1955 年生產了四十億顆成分為巴比妥酸鹽 (barbiturate) 的安眠鎮定劑。也就是說，安眠藥跟鎮定劑有非常大的市場！然而，巴比妥酸鹽對人類中樞神經有一些非常危險的副作用，稍微服用過量就可能致死，因此有些人會利用安眠藥自殺。由於市場對安眠藥的需求大，但現有的安眠藥卻不夠安全，因此人們期望著新科技能夠解決這樣的難題，尋找一個比巴比妥酸鹽更安全的替代品，便成為了當時許多藥廠努力研發的方向。

格蘭泰藥廠當時負責新藥研發的關鍵人物主要有三個，分別是野心勃勃的研發主任海因里希．穆克特 (Heinrich Mückter, 1914～1987)、缺少科學訓練的合成化學家威廉．昆茲（Wilhelm Kunz，生卒年不詳）以及缺乏經驗的藥理學家修伯特．凱勒 (Herbert B. Keller, 1925～2008)。三人在毫無頭緒的狀況下，訂出了一個亂槍打鳥的研發策略：就手邊常用的化學藥品，透過不同的化學合成反應，看看能否產生一個全新結構的化合物，接著由這個化合物的結構去猜想它可能有什麼藥效，最後再進行動物實驗驗證猜想是否正確。在一個化學反應中，昆茲發現苯二甲酸加上麩胺酸（即味精），會形成中間產物，然後他用尿素進行取代反應，產生出了一個新的化合物：沙利竇邁（圖 6–1）。初步的藥效測試令人非常失望，這個新的化合物既無抗生素的藥效也不會抗過敏，更不會殺死動物身上的癌細胞，對大鼠也沒有什麼鎮靜的效果。唯一令人欣慰的是，它幾乎完全沒有毒性，在老鼠身上測不到致死劑量！甚至後來有人想利用它自殺，結果吞下了一整瓶也沒有效。研發團隊因此決定大膽地放手一搏，直接進行人體實驗找出沙利竇邁有什麼藥效！

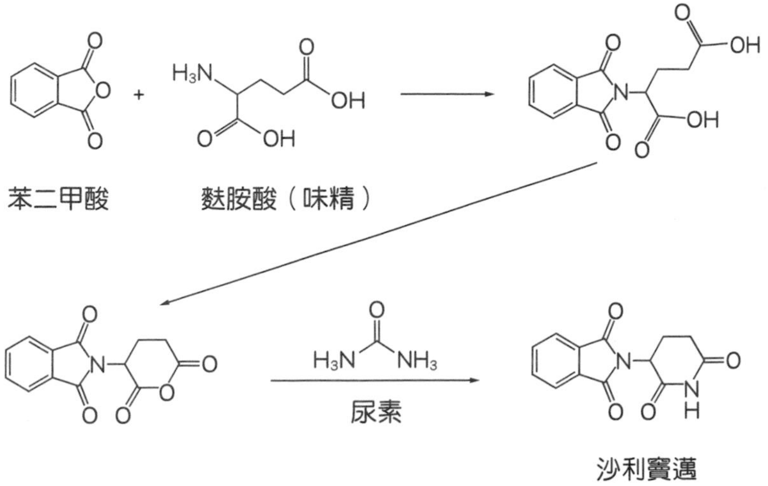

苯二甲酸　　麩胺酸（味精）

尿素

沙利竇邁

▲圖 6–1　沙利竇邁的合成

美麗新世界下的沙利竇邁

如果吃了藥，就能安穩地睡個好覺，想必會有個美夢。格蘭泰的研發團隊要怎麼讓這場美夢成真呢？ 1955 年，他們開始在西德、瑞士進行史無前例的臨床實驗，將沙利竇邁的樣品直接提供給醫生，不久後請醫生回報，病患使用藥物後有什麼反應。對癲癇的病患，沙利竇邁無法發揮抗癲癇的鎮定藥效，但有些病患在服用沙利竇邁後，居然一覺睡到天亮！這種無厘頭式的臨床試驗，讓格蘭泰研發團隊以為美夢成真：沙利竇邁是一個完全沒有毒性的安眠藥。很快地在 1957 年 10 月 1 日，沙利竇邁就以 “Contergan” 為名作為無毒性安眠藥正式上市（圖 6–2），不需處方，民眾直接在藥房就可以買得到。

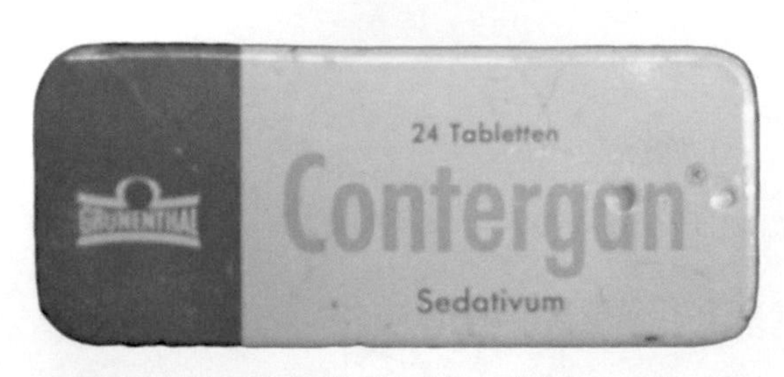

▲圖 6–2　格蘭泰推出以沙利竇邁成分為主的 "Contergan" 安眠藥

沙利竇邁在進行臨床試驗時，藥廠員工也都能拿到一些樣品，有一名員工的妻子在服用之後，產下了一個沒有耳朵的女嬰，不過當時誰也沒有想到其中的關聯性，這起事件也就不了了之了。

Contergan 成功上市後，接下來就是鋪天蓋地的推銷。格蘭泰在五十種臨床醫學期刊上刊登廣告，分送五萬份樣品給臨床診所，發了二十五萬封廣告信給醫生。在 1961 年，Contergan 已是德國最暢銷的安眠藥！它當時的銷售收入占了格蘭泰整體營收的一半，藥廠員工從 1954 年的四百多人，增加到 1961 年的一千三百人。

格蘭泰的下一個目標，當然是進軍全球市場。他們首先與英國販售生化藥品的批發商 "Distillers" 合作，由於這款新藥的市場潛力非常大，因此即便當時的 Distillers 公司裡沒有任何藥理學家，仍然大膽地在未曾於英國進行任何臨床試驗的情況下，接下了英國的銷售權，以 "Distaval" 為名直接於英國上市。後來沙利竇邁進軍了六十四個國家，遍及歐洲、亞洲、北美及南美，藥名多達三十七種，以致於發現沙利竇邁的不良影響後，幾乎沒有辦法完全追蹤所有使用者的下落。

沙利竇邁的詛咒

詛咒的起點

雖然沙利竇邁沒有毒性，但早在 1959 年 10 月，德國的一位神經科醫生拉爾夫．沃斯（Ralf Voss，生卒年不詳）就發現，他有一些多發性神經炎的病人，發病前好像都服用過沙利竇邁。因此他去信給格蘭泰，詢問沙利竇邁是否和多發性神經炎有關，公司並沒有回應。隨後，愈來愈多的多發性神經炎案例浮上檯面；1960 年底，《英國醫學期刊》(British Medical Journal) 出現了首篇關於四位病人服用沙利竇邁後出現多發性神經炎的報告，但內容對於兩者的直接關聯性仍持保留態度。

1961 年 2 月，沃斯在一場醫學會議中正式提出沙利竇邁可能引起多發性神經炎的報告。格蘭泰第一時間當然出面否認，接著很快地就想辦法要收買那些染病的病患，還針對沃斯醫生的操守與家庭背景向外界發出黑函，甚至派人假裝病患到沃斯的診所搗亂。藥廠無所不用其極的操作，目的就是為了保護沙利竇邁帶來的利益。但因為沙利竇邁可能造成多發性神經炎的質疑，使德國政府在同年 8 月決定將沙利竇邁加以管制，變更為處方用藥。

幾乎同時，一位德國的小兒科醫生魏登巴赫（Weidenbach，生卒年不詳），在 1959 年 12 月發表了一例海豹肢畸形 (phocomelia) 女嬰的臨床報告，那時醫學界普遍將其視為一種非常罕見的遺傳性疾病，出現機率僅四百萬分之一。這份報告當時沒有引起任何關注與聯想。

黑暗深淵的浮現

1961 年初，一位德國律師舒爾特－希倫（Karl Schulte-Hillen，生卒年不詳）的姊姊生下一個畸形嬰兒，想不到六個星期之後，他的妻子也生下一個極度畸形的嬰兒，起初他懷疑這個巧合是否為家族遺傳因素。於是他帶著兩名嬰兒的 X 光片拜訪漢堡大學小兒科的魏杜金德．冷次 (Widukind Lenz, 1919～1995) 醫師，豈料冷次醫師當天早上在醫院裡才看過另一份狀況完全相同的 X 光片！原本只有四百萬分之一的罹病機率，但在同一期間且同一地區有三名案例出現，實在令人感到非比尋常，因此舒爾特－希倫律師與冷次醫師兩人決定要進一步追查可能的致病原因。

兩人首先在報紙上刊登廣告，徵求居住在相同地區近年出生的畸形嬰兒案例。同時，他們也查閱過去的官方文件紀錄，發現德國漢堡地區自 1930 年到 1955 年的二十五年間，一共約有 21 萬名嬰兒誕生，只有 1 名畸形嬰兒的案例，然而在 1961 年一年當中，醫院內誕生的 6,420 名新生兒中就發現了八個案例。進一步深入探訪和追蹤這些家庭後，他們發現這些畸形嬰兒的母親都有一個共同點——她們在懷孕期間都服用過沙利竇邁！

地球另一端的偶然與必然

在地球的另外一端，也發生了類似的偶然與必然。1960 年 8

月，英國 Distillers 公司獲得沙利竇邁的銷售權後，前往同為大英國協底下的澳洲，拜會當地最大的婦產科診所負責醫師威廉·麥克布萊德 (William G. McBride, 1927～2018) 拓展生意，並提供了樣品給麥克布萊德醫師。兩週後，診所來了一個嚴重孕吐不止的婦女，麥克布萊德提供沙利竇邁樣品給這位孕婦服用，結果竟然改善害喜症狀，沙利竇邁在當地遂搖身一變，成了害喜婦女的救星。

這位服用過沙利竇邁的孕婦，後來產下了一個健康的寶寶，只不過接下來的狀況，讓麥克布萊德醫生漸感意外。1961 年 5～6 月間，麥克布萊德一連接生了三個極度畸形的嬰兒，震驚之餘，他察覺到這些孕婦在懷孕初期都服用了他開的沙利竇邁處方藥，加上前一年關於沙利竇邁使用者出現多發性神經炎的報告問世，他開始覺得沙利竇邁與畸形嬰兒的誕生之間，可能有一些必然的關聯。麥克布萊德很快地在該年 6 月中旬，針對他的發現寫了一篇報告，投稿至英國知名的醫學期刊《柳葉刀》(Lancet)，但卻因《柳葉刀》未順利收件的疑雲，使報告刊登遭到耽誤。

只不過回過頭來看，三種無毒化合物加在一起所產生的新化合物，為何會造成嚴重的胎兒畸形呢？這在科學研究上成為了一個有趣的問題！麥克布萊德期望報告獲得重視未果，轉而自行投入研究。他以小鼠作為實驗對象，觀察沙利竇邁是否會讓小鼠產下畸形胎兒，然而所有實驗結果皆為否定的，使他一度懷疑自己原先的假設錯誤。但到了該年 9 月，麥克布萊德又連續接生到兩例畸形嬰兒，這次讓他幾乎確定孕婦害喜期間服用沙利竇邁，可能會導致胎兒畸形（圖 6–3）。

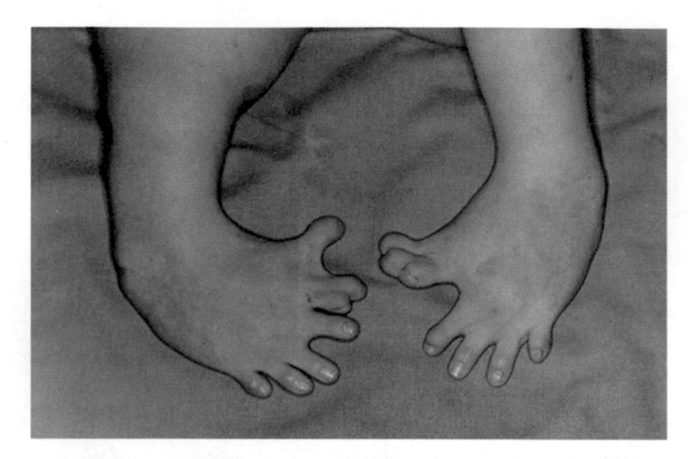

▲ 圖 6–3　因孕婦服用沙利竇邁而產下的短肢畸形嬰兒

沙利竇邁帶來的遺憾

1961 年 11 月，麥克布萊德再次投稿《柳葉刀》期刊，一個月後的 12 月 16 日，文章成功地被刊登出來。這是全球第一篇公開揭露且懷疑沙利竇邁與先天性畸形有關的文獻，也讓麥克布萊德成為首位認為畸形胎兒與沙利竇邁有關係的醫師，他本人因而得到澳洲與英國的相關表揚。

德國的冷次醫師也幾乎在同一時間，致電給格蘭泰藥廠，但絲毫未獲正面回應，因此他以正式書面要求格蘭泰立即下架沙利竇邁。冷次緊接著在 1961 年 11 月的一場小兒醫學會議上報告，指出婦女懷孕期間服用沙利竇邁藥物可能導致胎兒畸形。此時格蘭泰公司不但拒絕撤回藥品，還追加廣告以宣傳沙利竇邁藥物的安全性！直到 11 月底，德國一家報紙以頭版報導沙利竇邁可能導致胎兒畸形，並將冷次醫師要求藥品下架的公開信一同刊登出來，引發全國的電視、廣播、報紙等媒體輿論關注，格蘭泰才迫於形勢於德國下架沙利竇邁藥品。

格蘭泰下架藥品後，為保住商譽，強調此舉乃德國媒體的刻意渲染、炒作議題所致，且展開對冷次醫師的人身攻擊。不過這顯然只是困獸之鬥，很快地在 1961 年 12 月初，英國經銷商 Distillers 公司也宣布沙利竇邁在英國和澳洲下架，而加拿大在四個月後，也跟著下架了沙利竇邁藥品。

事後統計，光是在德國，因為沙利竇邁而得到多發性神經炎的人數就有約四萬人！全球因孕婦服用沙利竇邁藥物後產下的畸形嬰兒，保守估計約一萬名，其中在德國約有六千名，英國則有約二千名，加拿大的影響程度較輕微，僅有一百名左右。2013 年，澳洲跟紐西蘭有六十五位當年因沙利竇邁造成畸形的嬰兒，長大後歷經數十年的官司纏訟，終於得到了英國經銷商 Distillers 公司共九千萬美金的賠償；2015 年，加拿大政府也決定每年提供十萬美金作為這些畸形患者的醫療費用。至今在英國，仍有一個律師事務所持續招募著沙利竇邁的受害者，為他們爭取權益。

一個人力挽狂瀾的典範

沙利竇邁的傳奇與事故席捲了大半個地球，但唯獨美國例外，這是為什麼呢？事實上，美國的藥廠本來準備在 1960 年 9 月，向美國食品藥物管理局 (Food and Drug Administration, FDA) 申請藥證，預計於翌年 3 月讓沙利竇邁上市。當時 FDA 的內部規定頗為鬆散，任何藥廠提出申請後，若 FDA 於兩個月內無法提出強而有力的證據駁回，就會自動地核准藥品上市。只是當時沙利竇邁的申請案，交給 FDA 裡一位到職還不滿兩個月的新手弗朗西斯．凱爾西 (Frances O. Kelsey, 1914～2015) 女士負責審查，美國之所以從這場災難當中倖免，靠的就是凱爾西女士憑一己之力力挽狂瀾的結果，堪稱典範！

凱爾西原本在美國醫學會 (American Medical Association, AMA) 擔任期刊編輯，當時編輯部內有一個關於「醫生寫手」的黑名單，這些「醫生寫手」專為藥廠撰寫正面藥效，而不提任何負面結果的報告，因此那些寫手所寫的內容在當時期刊審查機制未臻完善的情況下，幾乎都不可信。凱爾西發現沙利竇邁的申請案裡，有很多報告來自黑名單裡的「醫生寫手」，因此她一開始便對申請案持懷疑態度。不過凱爾西一時之間苦無證據反駁這些報告中提到的正面療效，為了阻止申請案通過，她只得硬是從一些臨床試驗的細節裡去挑骨頭，延遲沙利竇邁在美國上市的時間。

▲圖 6-4　擋下沙利竇邁的凱爾西（左）於 1962 年接受時任美國總統甘迺迪表揚

1960 年 12 月，《英國醫學期刊》描述沙利竇邁與多發性神經炎之間關聯性的報告出現，給了凱爾西非常大的信心與支持。她要求藥廠予以正式澄清，無奈因高層施壓而受阻。直到 1961 年

11 月的一連串畸形嬰兒事件報告，接著全球各地陸續下架沙利竇邁藥品，才成功讓美國藥廠正式撤回沙利竇邁上市的申請案。

凱爾西一手擋住沙利竇邁進入美國達十四個月，可說是拯救了許多嬰兒與家庭。當時美國《華盛頓郵報》(The Washington Post) 便以「FDA 的女英雄」為題報導她的事蹟，她更受到了美國總統甘迺迪 (Jack F. Kennedy, 1917～1963) 頒贈獎章表揚（圖 6–4）。而凱爾西的英勇舉動，也間接推動了美國國會立法，改組整個 FDA 遭長久詬病的法規與人事。

沙利竇邁的庇佑

暗夜中的一絲曙光

下架之後的沙利竇邁，並沒有從醫學界的舞臺消失，而它有機會再度獨領風騷仍然依賴的是偶然與必然的交錯。以色列的耶路撒冷有一個痲瘋病院，收容來自全世界的痲瘋病患，院長名叫雅各．謝斯金 (Jacob Sheskin, 1914～1999)。痲瘋病常會引起病患自體免疫反應，自體免疫發作時，病患全身長滿水泡，非常疼痛，可能整晚無法入睡。為了消除病患的痛苦，謝斯金曾拿沙利竇邁姑且一試。1964 年，謝斯金的醫院接下一位由法國馬賽轉來的自體免疫重症男性痲瘋病患，他在院裡藥局找到所有可能可用的藥物來試圖減緩這位病患的疼痛都失敗，不得已想到藥局還有半瓶沒有用完的沙利竇邁，而已知沙利竇邁有很好的安眠效果，病患是男性，沒有懷孕的顧慮，不妨姑且一試。沒想到沙利竇邁不但讓這位病患安穩地一覺睡到天亮，後來繼續服用，連身上的水泡也漸漸消失。

謝斯金對於沙利竇邁治療痲瘋自體免疫重症患者的效果，感到十分驚豔！於是寫了一篇簡短的報告，說明患者服用沙利竇邁後的反應。隨後謝斯金醫師參與了世界衛生組織領軍進行的痲瘋病臨床試驗。從全球延攬來的 4,552 位痲瘋自體免疫病患，在服用沙利竇邁後，有高達 99% 的人在 24～48 小時之內就緩解症狀，因而確認了沙利竇邁對於治療痲瘋所引發的自體免疫有效，至今沙利竇邁仍是治療痲瘋自體免疫重症患者的藥物首選。沙利竇邁瞬間從魔鬼變成了天使！謝斯金也因此獲阿根廷、法國、以色列等國家頒贈相關殊榮，表彰其貢獻。

沙利竇邁為何如此神奇，讓痲瘋病患獲得救贖，卻對孕婦伸出殘忍的魔爪？這可得先從痲瘋病的病因來探討。痲瘋病是一種侵犯皮膚及周邊神經之疾病，因痲瘋桿菌 (*Mycobacterium leprae*) 感染巨噬細胞 (macrophage)，造成巨噬細胞釋放大量如 TNFα 的細胞激素，而引起發炎反應。沙利竇邁能抑制受痲瘋桿菌感染的巨噬細胞釋放細胞激素 TNFα；另一方面，自體免疫痲瘋病患血液中的 TNFα 濃度很高，經沙利竇邁處理後，TNFα 濃度也會大幅下降。

然而沙利竇邁對胎兒發育的影響，可能與免疫系統沒有太大的關係。它為什麼會造成胎兒的畸形？ 1970 年代，哈佛大學的一位知名癌症研究教授猶大．福克曼 (Judah Folkman, 1933～2008)，提出了以抑制血管新生來抑制腫瘤生長的抗癌理論，亦即若能夠抑制腫瘤裡的血管新生，腫瘤就得不到血液、養分的供給，也許會逐漸地自行萎縮或消失，這是一個不直接去攻擊腫瘤，而是間接透過抑制血管新生讓腫瘤壞死的策略。當時有學者立即聯想到沙利竇邁導致胎兒畸形，是否也是因為沙利竇邁抑制了胚胎發育的一些血管新生，讓胚胎發育不好？福克曼教授，很快地用兔子做實驗（這又是另一個神奇的偶然與必然），看兔子眼球內的血管新生會不會受到口服沙利竇邁的影響？結果竟然證實沙利竇邁的確能夠抑制兔子眼球內的血管新生。至此大家也許已經看出實驗動物選擇的重要了——沙利竇邁對兔子有很好的「藥效」，而對老鼠則全然無害！

詛咒的背後是救贖

隨著時間的推進，沙利竇邁除了被發現能治療痲瘋症狀外，也被發現對 1990 年代初期引起大眾恐慌的愛滋病有療效。許多愛滋病患由於細胞激素 TNFα 過量而造成愛滋病毒消耗性症候群 (HIV wasting syndrome)，這會使病患非常瘦弱，因此有部分愛滋病患試著服用可以抑制 TNFα 的沙利竇邁，症狀果然獲得改善。在雞尾酒療法出現前，沙利竇邁是對抗愛滋病唯一有用的藥物。

1960 年代沙利竇邁也被拿來試驗能否抑制癌細胞的生長，以對抗癌症，只不過針對了 14 種不同的癌症進行臨床試驗，發現完全沒有效果！相關研究便沉寂了數十年。1997 年，美國紐約有一位多發性骨髓瘤的患者艾拉．沃爾默 (Ira Wolmer, 1959～1998)，在其妻子貝絲（Beth Jacobson，不明～）的奔走下，積極嘗試各種治療方式。多發性骨髓瘤是一種相當難以治療的惡性腫瘤，當貝絲得知哈佛大學的癌症權威福克曼教授曾提及沙利竇邁能抑制血管新生，便立即至福克曼的實驗室詢問用沙利竇邁治療多發性骨髓瘤的可能性。

既然沙利竇邁可抑制血管新生以抑制腫瘤，福克曼認為不妨一試。福克曼請沃爾默的主治醫師巴特．巴羅吉耶 (Bart Barlogie, 1944～) 使用沙利竇邁進行治療，雖然沃爾默因症狀已過於晚期而最終不治，但另一位病人的症狀卻很快就得到緩解，這是近三十年來多發性骨髓瘤治療上最重大的突破，沙利竇邁因而成了治療多發性骨髓瘤的標靶藥物。這項突破在 1999 年登上了美國最重要的醫學期刊之一的《新英格蘭醫學期刊》(*The New England Journal of Medicine*)，提及沙利竇邁不僅能有效對抗多發性骨髓瘤，就連對該病症復發的治療也有效。

沙利竇邁如何扮演詛咒與庇佑兩種完全不同的角色

沙利竇邁為什麼能對這多種看起來風馬牛不相及的不同病症，產生如此廣泛而不同的藥效？要瞭解沙利竇邁如何影響身體或細胞的功能，最直接的方法就是去分析它在身體或細胞裡跟誰在一起？知道它跟誰在一起後，才可能猜測它在不同病症中的藥效從何而來。這種實驗方法很簡單，但分析的技術到近十多年來才變得成熟可行。我們可以先把沙利竇邁用化學共價鍵結合在小玻璃珠上；玻璃珠再和細胞打碎後的萃取液混合；一段時間後分離出玻璃珠，將玻璃珠反覆沖洗；再用質譜儀去分析玻璃珠上除了沙利竇邁外，還多出了什麼樣的分子（蛋白質？ DNA ？ RNA ？醣類……）？

2010 年日本東京工業大學的研究團隊，在《科學》期刊發表了一篇論文，證明一個叫做 cereblon (CRBN) 的蛋白會和沙利竇邁非常專一性地結合在一起。CRBN 過去被認為和心智發育遲緩有關，但這和嬰兒畸形或是抗癌有什麼關係呢？研究團隊仔細檢視實驗結果，發現玻璃珠上除了 CRBN 外，還多出了另個叫 DDB1 的蛋白。後續實驗證明 DDB1 不會和沙利竇邁結合，但可以和 CRBN 結合，原來玻璃珠上的沙利竇邁抓住 CRBN，同時就順帶把結合在 CRBN 上的 DDB1 給一起抓下來了。過去早就知道 DDB1 是細胞裡蛋白分解機器中的成員，DDB1 會與 CRBN 結合，那不就暗示 CRBN 可能也是蛋白分解機器中的一員？而沙利竇邁是否會經由與 CRBN 的結合影響細胞裡蛋白分解機器的效能？

早在九零年代，科學家就發現細胞裡有一套非常複雜的系統，專門處理那些做壞了、損傷不堪用，或是用完不再需要的蛋白。這套系統分成兩部分，一部分是把待分解的蛋白挑出來，做上記號；另一部分則是認出這些做過記號的蛋白，然後把它分解掉。細胞中分解蛋白的機器只有一個，就是 26S 的蛋白複合體。而挑出特定蛋白做記號的機器可就複雜了，它至少是由三種不同的蛋白組合而成：E1 負責攜帶記號蛋白 (Ub)，E3 負責辨認待分解的蛋白並把它抓來，E2 則負責把多個 Ub 記號從 E1 移送到被 E3 抓來待分解的蛋白身上。26S 蛋白複合體認出身上有多個記號的蛋白就會把它們分解掉。DDB1 已知是 E3 系統中的成員，顯然 DDB1 還得有個 CRBN 才能有效執行辨認待分解蛋白的工作（圖 6–5）。

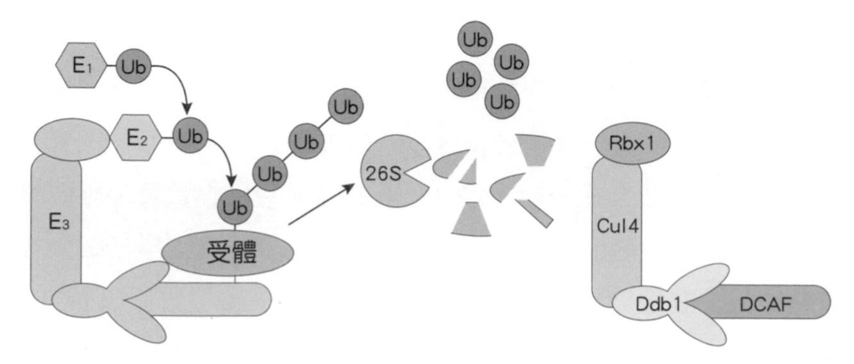

▲ 圖 6–5　細胞中蛋白分解的基本原理（左）與特定分工的蛋白分解機器簡圖（右）

沙利竇邁和 CRBN 結合對細胞這套標記蛋白的機器有什麼影響？最初在試管中的實驗發現，標記蛋白的機器也會在 CRBN 蛋白上加上很多 Ub 記號，這時候加入沙利竇邁，CRBN 蛋白上 Ub 記號就會大幅減少。於是推測沙利竇邁會抑制標記蛋白機器的活性，機器活性下降，有些該被分解掉的蛋白，因為沒有標上記號，沒被分解，因而累積在細胞中形成病變。

這個假說聽起來合理，但在細胞中真是如此嗎？回到細胞實驗去檢查沙利竇邁對 CRBN 的影響，發現沙利竇邁的確能使細胞中 CRBN 上的 Ub 記號大幅減少，但同時發現 CRBN 的數量會大幅上升。原本在細胞中 CRBN 被 Ub 標記後，會被送到 26S 蛋白複合體分解掉。當 CRBN 和沙利竇邁結合後，CRBN 不能被 Ub 標記，就不會分解，數量因而上升。CRBN 數量變多，是不是表示細胞中有些蛋白更容易被標記而被分解？因此追尋目標轉向沙利竇邁會讓細胞中哪些蛋白減少！

現在分子生物學的技術可以把人類每一個蛋白的基因置入質體中，把這個質體送入細胞，細胞就會依質體中特定人類蛋白基因的指令做出指定的蛋白。我們還可以在這個蛋白上動些手腳，讓它在細胞中發螢光，從細胞的亮度我們就能判斷這個特定的人類蛋白在細胞中的穩定性和數量。2014 年，美國科學家以此技術分析了 13,370 個人類蛋白，發現只有 IKZF1 和 IKZF3 這兩種蛋白，在細胞中會因沙利竇邁處理而快速分解。沙利竇邁快速分解 IKZF1 和 IKZF3 的作用有很高的專一性，因為它對同一家族的其他成員，像 IKZF2, IKZF4, IKZF5 則秋毫無犯，同時沙利竇邁分解 IKZF1 和 IKZF3 的作用需要透過 CRBN 當中介。接下來的問題就是 (1) IKZF1 和 IKZF3 是什麼樣的蛋白？ (2) 它們和沙利竇邁的藥效有什麼關係？ (3) 沙利竇邁怎麼透過 CRBN 來分解 IKZF1 和 IKZF3 ？

首先 IKZF1 和 IKZF3 都是同屬一個基因家族的轉錄因子，在免疫 B 淋巴細胞的生長和分化上扮演重要的角色。B 淋巴細胞在免疫系統中負責抗體的生產，而多發性骨髓瘤細胞就是從生產抗體的 B 淋巴細胞轉變出來的癌症。不僅如此，多發性骨髓瘤細胞中有大量的 IKZF1 和 IKZF3，若用 RNA 干擾 (RNA interference, RNAi) 技術把細胞裡的 IKZF1 和 IKZF3 量減少，就能抑制癌細胞的生長。這一來，我們就清楚知道沙利竇邁為什麼可以治療多發性骨髓瘤了！

接下來，沙利竇邁怎麼透過 CRBN 來分解 IKZF1 和 IKZF3 ？

這個問題的答案，來自沙利竇邁治療另一種血癌——骨髓增生不良症候群 (myelodysplastic syndrome, MDS) 的研究。2015 年科學家發現沙利竇邁會透過 CRBN 去分解骨髓增生不良症候群癌細胞中一個叫 CK1α (casein kinase 1α) 的蛋白，而促使癌細胞凋亡。同樣的問題：沙利竇邁怎麼做到的？這次科學家直接從結構生物學的角度去探索。他們把純化的 DDB1、CRBN、CK1α 和沙利竇邁放在試管中，讓它們彼此結合形成結晶，再用 X 光繞射定出這個結晶的三度空間結構，看看它們彼此是怎麼結合在一起的。結果於 2016 年出爐，從結晶的三度空間結構（圖 6–6）看得很清楚，CK1α 透過沙利竇邁和 CRBN 結合在一起，成為標記蛋白機器的目標，而會被標記、分解。

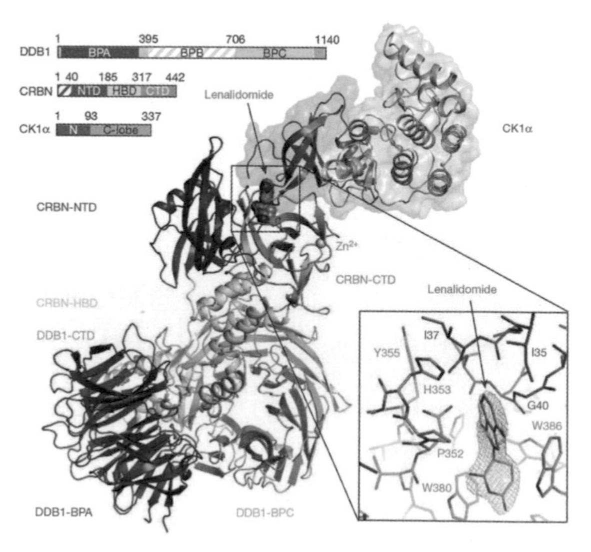

▲圖 6–6　DDB1、CRBN、CK1α 和沙利竇邁結晶的三度空間結構

沙利竇邁好像一個帶了兩隻手的支架，其中一隻手緊緊抓住 CRBN，另一隻手則抓住一些特定的蛋白，讓蛋白分解機器把這些蛋白分解掉。這些被沙利竇邁捉來分解的蛋白如果是癌細胞生長所必需，那沙利竇邁就成了這些癌症病患的庇佑。但萬一不幸，這些被沙利竇邁捉來分解的蛋白是胚胎發育所必須，那它就又成了孕婦的詛咒了。沙利竇邁從詛咒到庇佑背後的科學真相至此大白，同時一個新的藥理機制的發現也指出一個未來藥物開發的方向。

沙利竇邁造成癌細胞中 IKZF1 和 IKZF3 的減少，顯然與它誘發胎兒畸形發育並沒有什麼關聯。因此科學家不能在癌細胞中去找胎兒畸形發育的線索，必須更弦易轍改變研究對象。2018 年，科學家終於在胚胎幹細胞中發現，沙利竇邁另一隻手抓到的是一個負責四肢發育的 SALL4 蛋白。其實在過去的臨床紀錄中，早就有跡可尋，1980 年已有科學家報告，一個家族性顯性遺傳疾病叫做杜恩氏症候群 (Duane-radial ray syndrome)，其臨床特徵就是嬰兒出生時四肢發育畸形。但究竟是哪個基因發生突變，造成這種先天上的缺陷，則是一直到 2002 年才被確定——是 SALL4 基因突變所致。所以沙利竇邁抓到 SALL4 蛋白使它被分解，造成與杜恩氏症候群相似的嬰兒四肢發育畸形，也就成了一個完美的解釋（圖 6–7）。

至此沙利竇邁各種不同藥效背後的真相似乎大白，但仍留下一個有趣的小尾巴尚未解答，那就是為什麼沙利竇邁會造成人、兔子及猴子的胎兒畸形，但對老鼠、雞及斑馬魚卻完全無害？將不同物種的 CRBN 與 SALL4 胺基酸序列排在一起比對後，我們很容易看

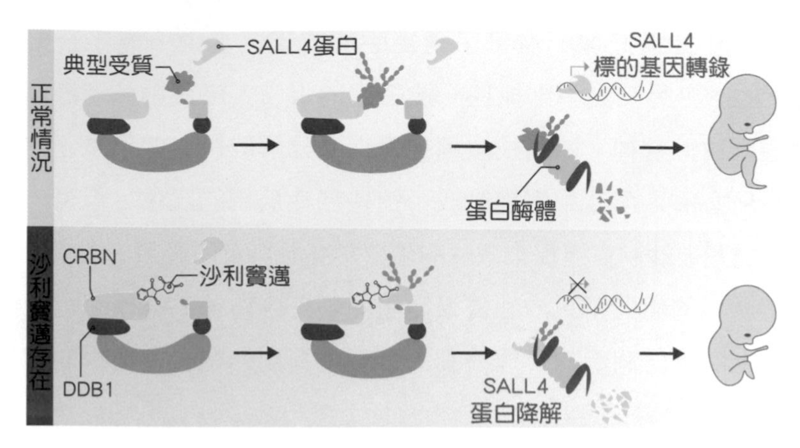

▲ 圖 6–7　沙利竇邁抓取 SALL4 蛋白使之分解，以致胎兒畸形的作用機制

出來，人、兔子、猴子的 CRBN 第 388 位置上的胺基酸都是纈胺酸 (valine)；而老鼠、雞及斑馬魚的 CRBN 同一位置上的胺基酸則都是蘇胺酸 (threonine)（圖 6–8）。光是 CRBN 蛋白 388 位置上的胺基酸有差異，就能解釋人和老鼠對沙利竇邁反應的不同嗎？實驗結果告訴我們沒有那麼簡單，SALL4 的胺基酸序列在 410 附近也是涇渭分明地分成兩類。所以人和老鼠對沙利竇邁反應的不同，顯然是 CRBN 與 SALL4 上胺基酸的差異共同產生的結果。

hsCRBN Val388

	370 — 380 — 390 — 400	
Human	LNLIGRPSTEHSWFPGYAWT AQCKICASHIGW	400
Macaque	LNLIGRPSTEHSWFPGYAWT AQCKICASHIGW	400
Marmoset	LNLIGRPSTEHSWFPGYAWT AQCKICASHIGW	400
Bush baby	LNLIGRPSTEHSWFPGYAWTIAQC ICASHIGW	402
Mouse	LNLIGRPSTVHSWFPGYAWTIAQCKICASHIGW	403
Rat	LNLIGRPSTVHSWFPGYAWTIAQCKICASHIGW	403
Rabit	LNLIGRPSTEHSWFPGYAWT AQCKICASHIGW	396
Chicken	LNLSGRPSTEHSWFPGYAWTIAQC IC NH GW	402
Zebrafish	LNLIGRPSTLHSWFPGYAWTIAQC TC SH GW	390

	410 — 420 — 430	
Human	FVCSVCGHRFTTKGNLKVHFHRH	432
Macaque	FVCSVCGHRFTTKGNLKVHFHRH	330
Marmoset	FVCSVCGHRFTTKGNLKVHFHRH	432
Bush baby	FVCSVCGHRFTTKGNLKVHFHRH	373
Mouse	FVCSVCGHRFTTKGNLKVHFHRH	384
Rat	VCP CGHRFTTKGNLKVHLQRH	437
Rabit	VCPVCGHRFTTKGNLKVHFHRH	435
Chicken	FKCN CGNRFTTKGNLKVHFQRH	411
Zebrafish	KCN CGNRFTTKGNLKVHFQRH	420

▲ 圖 6–8　不同物種的 CRBN（左）和 SALL4（右）胺基酸序列排比

探討沙利竇邁對細胞作用的分子機制，從免疫調節到抗癌藥物，開啟了多扇研究的窗戶。而沙利竇邁透過兩隻手的結構，抓住細胞內特定蛋白將之分解的獨特作用，更和近年來風行一時的標的蛋白降解技術 (proteolysis-targeting chimera, PROTAC)（圖 6–9）不謀而合。傳統藥物開發多半針對可以與特定致病蛋白結合的小分子化合物：致病蛋白是酵素，就去找酵素的抑制劑；致病蛋白是受體，就去找可以和受體結合但不會使受體活化的拮抗劑。但有愈來愈多的致病蛋白，既非酵素，也不是受體，像是細胞核裡的轉錄因子。如何找到一些小分子藥物，能破壞這些非傳統藥物標的蛋白的活性，就成了近年來新藥開發的難題與挑戰。2001 年有人首次提出這個概念：設計一個帶著兩隻手的小分子，一隻手抓住致病蛋白，另一隻手抓住在待分解蛋白上做特定記號的蛋白機器，這一來致病蛋白就被做了記號，而會送到蛋白分解機器中分解了，這就是標的蛋白降解技術的原理。沙利竇邁的作用機制不正就是大自然標的蛋白降解技術的再現嗎！

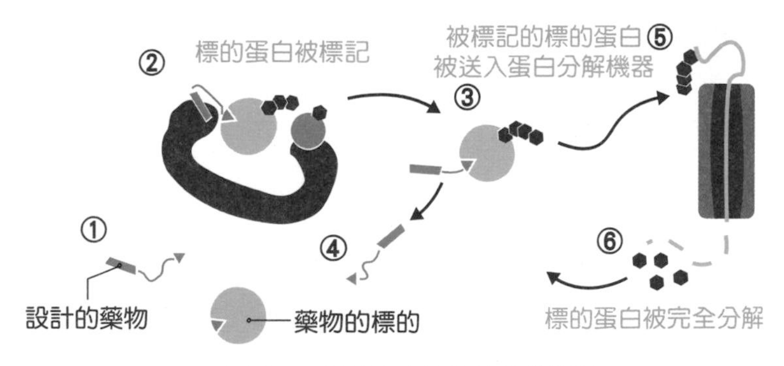

▲圖 6–9　標的蛋白降解技術的原理

結　語

從 1960 年迄今對沙利竇邁研究的論文，有兩個高峰，1960 年代初，大部分的報告都著重在它對胎兒造成的畸形發育；1990 年代之後則是報導它對各種免疫病症和癌症可能的療效。沙利竇邁開始的詛咒反映出的是當時藥廠對新藥研發的無知與唯利是圖，但也是因為這個悲劇的發生，才有後來對新藥上市前的嚴格管制與嚴謹臨床試驗的規範。而從詛咒到庇佑的轉折，則是無數偶然與必然交錯的結果。不過我們仍應該記住法國微生物學家巴斯德說過的：「機運青睞有準備的心靈。」

我們還可以試著去想像另外一個情境，如果老鼠對沙利竇邁會有反應、會產生胎兒畸形的情況，那麼格蘭泰一開始試驗新藥時就會發現，那就不會上市讓民眾使用。這麼一來，還會有後續醫學應用上的探索與發現嗎？這可以說是另一種在安全與創新間分寸拿捏的倫理困境。

老子有云：「禍兮，福之所倚；福兮，禍之所伏。孰知其極？」沙利竇邁故事裡的禍福相依，是一個最佳的寫照。未來我們需要以更謙卑的心態，瞭解我們的不足，才能用更正面的方式，去面對千變萬化的大自然帶給我們的挑戰與機會。

盤尼西林的庇佑與詛咒

撰文／人類生物學者　王道還

科學研究上的重大興奮事情之一是：你出去獵兔子，你偶爾會捉到一隻熊。

——艾西莫夫 (Isaac Asimov, 1920～1992)

機運青睞有準備的心靈

發現盤尼西林是醫學史最重要的突破。盤尼西林的驚人療效改變了我們對於醫學的認知，塑造了我們對於「現代醫學」的想像與期望。當年見證這一段歷史的人甚至很認真地討論：盤尼西林這種破天荒的藥物應該叫什麼？於是 antibiotic 這個單字才誕生——通行的中譯名是抗生素。現在人人都知道，發現盤尼西林是「抗生素時代」的揭幕式。

因此發現盤尼西林的故事一開始就成為大眾好奇的題材。而這個發現的故事也不令人失望，不但讓大家有感嘆「時也運也命也」的空間，也適於當教材，提醒我們「觀察」是重要科學突破的起點。因為一切都起於一個意外。

其實科學史上充滿意外，十九世紀末最有名的一個科學意外就是發現 X 光（1895 年）。這個發現導致發現放射性現象（1896、1897 年）。當時居里夫婦便決定以它為研究焦點，radioactivity（放射性）這個單字就是他們鑄造的（1898 年）。由 X 光開啟的研究進路最後創造了核子科學。原來原子彈、核電廠都源自發現 X 光的意外。

不過，愈重要的意外發現愈會引起好奇：難道過去的人從來沒有見過同樣的現象？即使是「意外」，為什麼有人會注意，產生追究的興趣，對其他人就如過眼雲煙？關於這個問題，巴斯德的一句名言是最好的指引：

機運青睞有準備的心靈。

機運指羅馬神話中的幸運女神 (Fortune)。代表幸運女神的符號是「船舵」（指引人生方向）與「輪子」（操縱命運起伏）。自古以來西方人對於機運，多以個人的性格與他在特定時空中的「一念之間」解釋。而幸運女神與美德女神代表兩種不同的成功之道。雖然幸運女神可能源自對於女性的一種刻板印象——女人心、海底針，但是她有廣大的信眾，因而產生許多傳奇，指引信眾討好她的祕訣。古典作家強調：幸運女神最中意的是有男子氣概、有勇氣的人。文藝復興時代人本主義興起；1513 年，馬基維利 (Niccolò Machiavelli, 1469～1527) 出版《君王論》，倒數第二章專門討論幸運女神在人間事務中的角色。他的結論是：人的命運一半由幸運女神主宰，另外一半由個人的意志決定。

1854 年，巴斯德出任一個學校校長，相當於我們的工專，前面引用的那一句話就出自他的就職演講。他的意思是：即使是好運，也只有有心人才能享有。

因此讓我們仔細觀察一下這一位有心人吧。

盤尼西林的發現

弗萊明 (Alexander Fleming, 1881～1955)

發現盤尼西林的這位有心人是弗萊明。他因此得到 1945 年的諾貝爾生醫獎，成為二十世紀大家最熟悉的科學家之一。諾貝爾獎已經頒發了一百多年，得主將近千人；光是生醫獎，到 2021 年就有兩百二十二人得獎。請想想看你知道幾位？

二十世紀的科學家，大家最熟悉的，第一名想必是愛因斯坦，第二名是居禮夫人。就名氣而言，弗萊明可以跟愛因斯坦、居禮夫人相提並論。發現盤尼西林的故事已成為科學史傳奇，直到最近仍有人提出正反論點。例如 1945 年的諾貝爾生醫獎頒給三位研究盤尼西林的學者（圖 7–1），其中弗萊明年紀最大、最資深、當時的

弗萊明

弗洛里

錢恩

▲ 圖 7–1　1945 年諾貝爾生醫獎頒發給三位研究盤尼西林的學者

人氣也最旺，但是獎金只分到三分之一。其他兩位牛津大學的研究員各分得三分之一。換言之，從諾貝爾獎官方的觀點來看，他們三人功績相等。那麼為什麼很少人記得另外兩人的貢獻？

說到這裡也許有人會想起，在盤尼西林的故事裡，弗萊明扮演的是「發現者」的角色，然後由牛津的研究團隊完成純化、動物實驗、人體試驗，證實療效。這是一個長達十年以上的過程。而巴斯德提醒我們，發現者的「心靈」必須「準備」好，才能將「意外」轉變成「發現」的契機——這必然也有一個過程。因此任何發現都不能化約成某年某月某日某時的一個事件。任何發現都是個複雜的故事。

發　現

可是我們還是要從 1928 年 9 月 3 日星期一這一天開始說盤尼西林的故事。那天上午，弗萊明仍在休假，可是為了協助一位同事，特意回倫敦聖瑪莉醫院一趟。聖瑪莉醫院附設一家醫學院，是倫敦大學認可的十二所醫學院之一；弗萊明自己就是聖瑪莉醫學院畢業的。他剛升任細菌學教授，可是研究室（兼實驗室）並沒有變。

在實驗室裡，有些舊的細菌培養皿還沒有清理，弗萊明就動手清洗。他因而注意到一個培養皿裡有一個青黴（一種真菌）菌落，菌落四周沒有金黃色葡萄球菌——它們的菌落只出現在遠處（圖 7–2）。似乎青黴分泌了什麼，在培養基中擴散，有抑制、甚至殺死葡萄球菌的威力。於是弗萊明採取了那個青黴菌落的標本，另行培養。後來弗萊明以實驗證明那一青黴菌株會分泌一種特定的抗菌物質，他命名為青黴素 (Penicillin)，中文「盤尼西林」是音譯。值得注意的是，青黴素能殺死許多常見病菌，包括葡萄球菌、鏈球菌等等……。

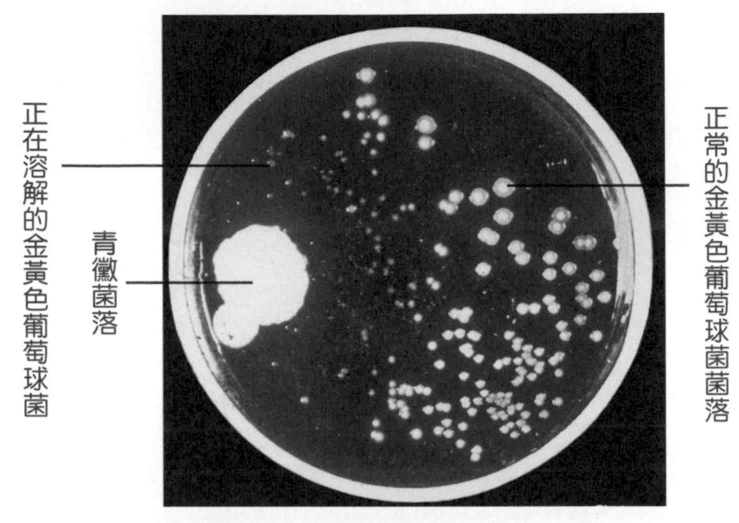

▲圖 7–2　遭到青黴汙染的細菌培養皿；刊登於弗萊明宣布發現盤尼西林的第一篇論文（1929 年）

弗萊明的這個發現，是科學史上最著名的意外——因為他當時並不是在研究抗菌物質，而是金黃色葡萄球菌，目的是寫一篇回顧綜論。約稿人明白告知：希望他不只是整理過去的研究成果，還能提供新鮮的實驗數據。可是，弗萊明看見的那個黴菌菌落顯然是常見的汙染物。空氣中有大量真菌孢子，是過敏原之一，也是微生物學者最頭痛的問題。因此，細菌培養皿遭到黴菌汙染本就是例行公事，而不是意外，一個受汙染的培養皿讓弗萊明福至心靈才是「意外」。弗萊明究竟看見了什麼？

十年磨一劍 (1922～1932)

原來弗萊明先前發現過溶菌素 (lysozyme)，時為 1921 年 11 月下旬。1922 年年初，他的第一篇報告在王家學會宣讀。在發現盤尼西林之前，他至少發表了六篇溶菌素論文，最後一篇出版於 1927 年。

溶菌素在當時沒有引起什麼注意，因此沒有人追究過它的發現過程。在實驗室紀錄、論文裡弗萊明都沒有交代研究動機。我們只知道那時弗萊明感冒了，鼻水不停流。一開始，他只拿了三個細菌培養皿，分別種上自己鼻子裡的一種球菌（「AF 球菌」）、一種葡萄球菌、一種肺炎菌。然後將自己的鼻黏液萃取液滴入，再放入恆溫箱培養十八個小時。結果，AF 球菌不會在鼻黏液四周形成菌落，更外圍的地方還能觀察到正在溶解的細菌（圖 7–3）。看來鼻黏液中有一種物質，會抑制或殺死這種細菌。可是這一物質卻傷不了其他兩種細菌。進一步的實驗得到了同樣的結果：鼻黏液奈何不了常見的病菌（大腸菌、肺炎菌、葡萄球菌、鏈球菌），卻能夠消滅他鼻腔裡的 AF 球菌。在試管中注入那種球菌的懸浮液，再滴入極少量的鼻黏液萃取液，5 分鐘後便能化混濁為澄清。

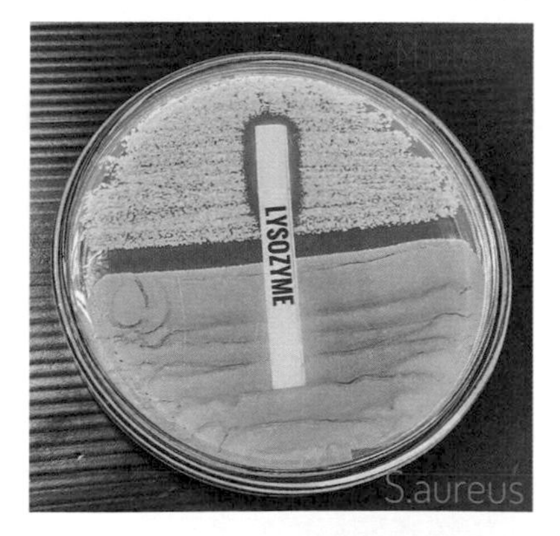

▲ 圖 7–3　於沾有溶菌素的試紙周圍，可觀察到正在溶解的細菌

更進一步的研究揭露了一個有趣的事實，不只鼻黏液，其他體液也有溶菌素，例如眼淚、唾

液、乳汁。有一段時間弗萊明實驗室請孩子捐獻淚水——以檸檬刺激眼睛流淚——一次 3 便士（八十次便可賺 1 鎊）。除了人體，其他動物的體液、組織，甚至植物組織也有溶菌素，蛋白中尤其多。弗萊明的主管阿姆拉斯爵士 (Sir Almroth E. Wright, 1861～1947) 對這個發現尤其興奮。他深信身體對抗入侵微生物的主要武器是免疫系統；疫苗的功能在動員身體的固有機制。溶菌素為他的觀點提供了新證據：原來身體各組織都有自然的抗菌物質。阿姆拉斯爵士那一年就提名弗萊明為王家學會會員（FRS；相當於國家科學院院士）。可惜沒有成功。

不過，發現溶菌素的故事最有趣的地方在於：對溶菌素特別敏感的球菌是哪裡來的？一開始弗萊明相信它來自自己的鼻腔，可是後來他再也無法從鼻腔採得同樣的細菌。他當時的實驗室助理判斷，那個細菌是外來的汙染物。這是比較合理的推斷，因為鼻黏液中有溶菌素，這種細菌卻對溶菌素特別敏感，兩者不可能共存於鼻腔。因此弗萊明同時發現了兩種東西：溶菌素，以及對溶菌素特別敏感的一種細菌。要不是那個細菌，他不可能注意到溶菌素的存在。

由於溶菌素對大部分病菌都無害，弗萊明並沒有積極開發它的臨床用途。他倒是看上了溶菌素的實用價值：用它分辨病菌與非病菌；用它控制細菌學實驗室裡的汙染問題。弗萊明最大的遺憾是：無法純化溶菌素，因此無法研究它的溶菌機制。化學是他的死穴。

儘管如此，弗萊明發現、研究溶菌素的經驗卻讓弗萊明產生了先入之見——即巴斯德所謂的「準備」——在遭汙染的細菌培養皿裡，可能發現抗菌物質。後來在青黴汙染的培養皿裡，他以為自己看見了青黴分泌的溶菌素。令他興奮的是，那種溶菌素可以對付一種常見的病菌——金黃色葡萄球菌。

因為在二十世紀初臨床醫學的「大氣候」中，尋找對抗病菌的物質、開發化學療法是主旋律。

抗菌藥

十九世紀

話說十九世紀生物醫學的進展，例如細胞學說、微生物病原說，並沒有促進臨床醫學的進步。許多臨床醫師的日常業務，是面對罹患各種感染疾病的病人；外科醫師處理的則是創傷。主要的病原都是細菌。十九世紀上半葉，全身麻醉術問世，外科醫師敢於從事更深入、更複雜的外科手術，但是病人在手術後的存活機會並沒有顯著提升。手術檯上的病人，死亡風險比滑鐵盧戰場上的英國士兵還要高。因為缺乏有用的抗菌藥。即使「微生物致病說」在十九世紀中葉問世，也沒有說服外科醫師重視「消毒」。產褥熱仍是產婦的主要死因之一。

受巴斯德「微生物病原說」啟發而發明滅菌手術的英國外科醫師李斯特 (Joseph Lister, 1827～1912)，必須面對排山倒海的批評。此外，他使用的石碳酸 (carbolic acid) 不是理想的抗菌物質，因為它會刺激、傷害組織。1871 年，李斯特為維多利亞女王開刀，摘除一個腋下膿瘡；1883 年年底封爵，無異獲得王室加持，才克服阻力，將滅菌手術推廣到軍中。

可是李斯特的滅菌準則卻經不起第一次世界大戰的考驗。大戰爆發後，阿姆拉斯爵士帶領聖瑪莉團隊到法國濱臨英法海峽的布洛涅主持一所英軍戰地醫院。在那裡他們見識了現代武器造成的創傷，觀察到細菌感染的各種後果。不僅阿姆拉斯爵士一向誇口的自製疫苗效果不彰，他們還發現消毒劑會干擾人體組織的自療能力。

在戰爭中死亡的主因是傳染病，自古皆然。1812 年 6 月底，拿破崙率六十萬大軍侵入俄羅斯，五個月後，損失超過六成，死因大多是傳染病，以斑疹傷寒為最。撤出俄境時法軍只剩八、九萬人；統計與俄軍交戰的損失，不到傷亡總數的四分之一。克里米亞戰爭：斑疹傷寒、霍亂、傷寒、赤痢造成的死亡，比敵人還多。普法之戰：德軍傷亡中有 60% 是傷寒造成的；傷寒死亡率 20%。

相對而言，在戰場上戰死的風險較低，更常見的是因創傷感染失控而送命，因為缺乏有效的抗菌藥。第一次世界大戰使用的武器威力更大，造成的創傷又深又髒，更難以控制感染。

二十世紀初的醫療

二十世紀初的醫療現實，從諾貝爾生醫獎獎勵的成就也可以得到一個概略的印象：大部分都缺乏立即的醫療價值。例如第一位得主（1901 年）貝林 (Emil A. V. Behring, 1854～1917) 是細菌學之父

科霍 (Heinrich H. R. Koch, 1843～1910) 的學生，得獎成就是發明血清療法，特別是治療白喉。然後便不見類似的例子。與貝林合作開發血清療法的艾利希 (Paul Ehrlich, 1854～1915) 在 1908 年得獎，表揚的是他的免疫學成就。弗萊明發現盤尼西林的那一年（1928 年），諾貝爾生醫獎得主的成就是：發現斑疹傷寒是由體虱傳染的。

其實艾利希在得獎之後，他的團隊便發現了治療梅毒的特效藥 606。1910 年發表後，以商品名薩乏散 (Salvarsan) 上市。那是一種合成的砷化合物，有毒，必須靜脈注射，而且只能一週一次。它還有危險的副作用，例如傷肝、黃疸。有些病人受不了副作用的折磨，拒絕完成療程。艾利希開發出毒性較低的化學分子，取名新薩乏散 (Neosalvarsan)，1912 年上市。記者開始稱這個藥為「魔彈」(magic bullet)。

魔　彈

「魔彈」這個詞源自艾利希。他的靈感來自細胞染色：特定染料（化學分子）與特定的細胞部件有特別的親和性。因此染料能方便我們在顯微鏡下觀察生物組織的組成與結構。於是艾利希設計了一個流程，讓他的化學團隊以現成的染料為基礎，製造那些分子的衍生物，再一個個測試它們與特定病原的「親和力」。

有趣的是，606 原先是為了治療非洲睡眠病開發出來的，沒想到那一系列分子都沒有療效。正好日本人秦佐八郎到艾利希實驗室進修，艾利希就讓他用梅毒的兔子模型測試已開發出來的分子——因為他誤以為梅毒病原與非洲睡眠病的病原很類似。

「魔彈」新薩乏散使艾利希的點子——以人工合成的化學分子治病——紅極一時，吸引了不少製藥廠與研究者投入。1911 年，艾利希宣布奧普多興（Optochin，一種殺菌劑）可治療肺炎：小鼠實驗、早期人體試驗的結果都令人樂觀。阿姆拉斯爵士是艾利希的朋友，拿了一些到南非鑽石礦場試用，因為前一年那裡爆發了肺炎疫情。一開始，似乎有療效，但是不久之後有病人眼睛瞎了，而且不可逆。於是阿姆拉斯爵士再也不相信化學療法，繼續專注於免疫療法。

其他團隊也沒有什麼好運——除了拜耳藥廠。1909 年艾利希的一位學生加入拜耳，按艾利希建立的流程測試人工合成分子，只是規模更大。與拜耳合作的染料化學家在一戰期間開發出一個分子，可以治療非洲睡眠病，至少在小鼠身上有效。1921 年，拜耳到南非測試這個藥，從開普敦到羅德西亞一路為當地民眾施打。結果很驚人：只要三劑，即使病勢嚴重的病人都可能痊癒。1923 年，拜耳以商品名「日耳曼素」(Germanin) 推出問世，宣示德國醫藥的先進地位。拜耳的下一個目標是治療瘧疾的藥，1927 年成功上市。兩種藥都為拜耳賺了大錢。

同時，1927 年，拜耳任命竇馬柯 (Gerhard J. P. Domagk, 1895～1964) 建立一支開發抗菌藥的團隊。畢竟歐洲與北美才是拜耳的主要市場，那裡的人需要的是能夠剋制細菌感染的藥。1924 年 6 月底，美國總統柯立芝 (John C. Coolidge, 1872～1933) 的小兒子死於敗血症，才十六歲，造成全國矚目的新聞，就是明證。小柯立芝的死是悲劇：他與哥哥打網球的時候沒穿襪子，腳趾上起了個水泡，發生不可收拾的葡萄球菌感染。

竇馬柯不辱使命。1932 年，他的團隊開發出一種抗菌藥，對鏈球菌特別有效，最後獲得 1939 年諾貝爾生醫獎的肯定。在盤尼西林的療效大白於世之前，竇馬柯的抗菌藥是第一個療效廣泛的抗菌藥，俗名「磺胺藥」（或「消炎藥」）。1935 年年初，竇馬柯將研究結果發表，然後拜耳藥廠以商品名 Prontosil 推出上市。哪裡知道，另一位美國總統的兒子成了它的最佳推銷員。

1936 年年底，《紐約時報》以頭版報導：一種新的抗菌藥將羅斯福總統 (Franklin D. Roosevelt, 1882～1945) 的長子從鬼門關前救了回來。那一年他二十二歲，即將從哈佛大學畢業。11 月下旬，他參加了一個名流宴會，午夜後才回到住處。第二天他覺得喉嚨痛，並會咳嗽，不過並不嚴重。哪裡知道病情發展成急性鼻竇炎，使他在感恩節（26 日）之前就住進了麻州綜合醫院。不過病情並沒有好轉。他的母親——第一夫人——趕到，憂心忡忡，堅持雇用另外一位耳鼻喉醫師當兒子的主治醫師。這位醫師檢驗從鼻竇採得的檢體，發現病原是一種最惡毒的鏈球菌，可能會導致敗血症，大為不安。

由於約翰霍普金斯醫學院正在測試拜耳的新藥，於是這位醫師透過適當管道取得 Prontosil。12 月中旬，第一夫人見兒子病情仍然沒有起色，勉強同意讓他當拜耳新藥的白老鼠。醫師第一次使用這種新藥，對於劑量毫無把握，只能猜測、推理並用。哪裡知道漫漫長夜之後，病人竟然開始退燒；第二天晚上體溫恢復正常。醫院裡的醫師都沒有見過這樣的靈藥。聖誕節之後沒幾天，病人出院。《紐約時報》報導的就是 Prontosil 的奇蹟。

那一年，弗萊明一位昔日同事也在倫敦試驗拜耳新藥對於產褥熱的療效。根據經驗，當時產褥熱的死亡率高達四分之一。可是以 Prontosil 治療後，六十二名產婦只有三名死亡。那一年 10 月下旬，連弗萊明自己都開始拿「磺胺」做實驗，並在 1939 年發表兩篇研究報告。

這些發展都很重要，因為事關盤尼西林的未來。

牛津團隊

說到這裡，大家應該很清楚了，盤尼西林的故事可以分為兩段。第一段不妨說是「發現的故事」，基本上是弗萊明的獨角戲：他發現了一種會生產抗菌物質的青黴；他把那種抗菌物質命名為青黴素；他純系培養了那種青黴，不僅供自己做研究，也提供任何感興趣的學者；他甚至主動將那一菌株送給他認得的學者，例如牛津大學病理學研究所創所主任——一位知名的細菌學者。他在第一篇論文裡便羅列了青黴素值得注意的特性（可剋制常見的病菌，對其他細菌無害，也不會干擾人體的防衛機制，例如白血球），也提到了可能的醫療價值。

可是把盤尼西林的醫療價值開發出來的，是牛津團隊。

話說 1935 年 5 月牛津大學病理學研究所新任主任弗洛里 (Howard W. Florey, 1898～1968) 上任。新官上任三把火，他陸續將弗萊明的兩個發現列入研究計畫，不免令人懷疑他們是舊識。其實不是。其實最先引起弗洛里興趣的是溶菌素，那是 1929 年 1 月——弗萊明宣布發現盤尼西林的論文還要過幾個月才會出版。第二年（1930 年）弗洛里就發表了一篇研究溶菌素的論文。弗萊明的盤尼西林論文在前一年（1929 年）發表於同一學報。更有趣的發展是，1932 年弗萊明以溶菌素為題發表的一篇演講，引用、評論了弗洛里的論文。

總之，弗洛里上任後第一個研究計畫是請化學家協助純化溶菌素。這個工作在 1937 年完成。接著就是找出溶菌素的殺菌模式，弗洛里請流亡英國的德國化學家錢恩 (Ernst B. Chain, 1906～1979) 負責。1938 年，錢恩的溶菌素研究還在進行，弗洛里便與他討論未來的研究計畫。弗洛里偏愛的大方向是「自然的抗菌物質」，錢恩便在文獻中搜尋可能的研究對象。與弗洛里討論後，他挑出了三個，盤尼西林是其中之一。錢恩很快就全心投入盤尼西林的研究，到了 1938 年 11 月，已經有令人興奮的發現。第二年（1939 年）弗洛里決定對盤尼西林孤注一擲。9 月，英國對德國宣戰，他在申請經費的計畫書中明白指出：研究目的在驗證「從靜脈注射盤尼西林作為體內抗菌劑」的可能。最後弗洛里從美國洛克斐勒基金會獲得了金援，才能專心進行這個計畫。

弗洛里設計的第一個動物實驗，1940 年 5 月 25 日星期六上午完成，使用八隻小鼠，四隻對照組，四隻實驗組，每一隻都注射致死量的鏈球菌。結果：注射了盤尼西林的實驗組全部存活；沒有注射的對照組全部死亡。星期一，他們重複實驗，實驗組、對照組各有五隻小白鼠。結果一樣。

1940 年 8 月 24 日，牛津團隊的第一篇盤尼西林論文在《柳葉刀》刊出。9 月 2 日星期一，弗萊明親自到牛津拜訪弗洛里團隊。這是他們第一次正式見面。根據學者的判斷，直到這一天，弗洛里團隊所完成的研究，如果當年弗萊明鍥而不捨，也能得到同樣的結果。但是從這一天之後，弗洛里團隊必須克服的困難，即使他們自己都無法完全預見。第一個可以預見的困難是「量」。一個男人的體重相當於 3,000 隻小鼠。治療小羅斯福的嚴重感染，需要多少盤尼西林[1]？

是意外？是鬼使神差？

再談發現盤尼西林的「意外」

弗萊明發現盤尼西林的故事演變成傳奇，事出有因。因為他自己對於發現的經過說得想當然耳。他相信一切都源自「青黴孢子汙染細菌培養皿」。可是青黴與葡萄球菌偏好的生長溫度不同。葡萄球菌是人體內外常見的細菌，在人的體溫範圍內生長；青黴菌則偏好室溫，通常指攝氏 20～25 度之間。因此，要是培養基上已長滿細菌菌落，表示當時氣溫很高，黴菌孢子不可能生長。一位學者調

[1] 關於盤尼西林的量產，還有一位大功臣，請參見潘震澤，《科學讀書人——一個生理學家的筆記》，三民書局。

閱了 1928 年夏天倫敦的氣溫紀錄，發現只有 7 月底 8 月初氣溫較低，利於青黴生長。然後氣溫升高到適合葡萄球菌的範圍，才產生引起弗萊明注意的現象：培養皿裡有青黴菌落，也有細菌菌落。這算「意外」嗎？不如說是鬼使神差 (serendipity)。

即使如此，弗萊明也未必能在青黴四周觀察到「抑菌、溶菌」現象。因為盤尼西林剋制細菌的機制與溶菌素不同。溶菌素是酶，會破壞細菌細胞壁的構成分子，這個過程稱之為「殺菌」，實至名歸。但是盤尼西林是妨礙分裂中的細菌形成細胞壁。要是細菌不分裂，盤尼西林就無法「殺菌」。

真相是什麼？好事者仍在猜測。

至於弗萊明見到的黴菌是哪裡來的，也有一個繪聲繪影的傳言，說那是罕見的菌株，增添了整個事件的傳奇色彩。事實是：弗萊明的實驗室在二樓，他樓下的實驗室有一位年輕的真菌專家，正在倫敦四處蒐集室內室外空氣中的真菌孢子。他相信空氣中的真菌是氣喘的病原之一。弗萊明請他鑑定自己發現的青黴，他也提供自己蒐集到的真菌菌株給弗萊明。結果弗萊明發現其中有一株也會製造盤尼西林。現在的專家指出，弗萊明發現的那株青黴其實是微生物學實驗室常見的汙染物（圖 7–4）。

暴得大名

1941 年 2 月起，牛津團隊便開始在醫院進行人體試驗。那時對於「人體試驗」的倫理規範仍在草創階段。弗洛里的做法是：找相熟的醫師介紹合適的病人。經過一連串摸索，堪稱奇蹟的病例愈

▲ 圖 7–4　弗萊明還原盤尼西林發現時情況的照片

來愈多，關於牛津團隊正在試驗魔彈的傳聞便開始流傳。於是《柳葉刀》有人以「青黴」為題發表評論，指出青黴中的青黴素是強大的抗菌物質，比磺胺藥還要有效。不久，1942 年 8 月 27 日，倫敦《泰晤士報》(*The Times*) 以社論呼應，呼籲政府設法提升盤尼西林的生產規模。兩篇文章都沒有提到任何一位科學家。

第二天，弗萊明的老闆阿姆拉斯爵士投書泰晤士報，指出弗萊明是發現盤尼西林的人，也是第一個指出它的醫療價值的人。這封信在 31 日刊出。新聞記者蜂擁而至，而弗萊明似乎平易近人。當天牛津大學方面有人對阿姆拉斯爵士的投書不滿，立即投書指出：純化盤尼西林與人體試驗全是弗洛里團隊的功勞。於是記者又雲集牛津大學。但是弗洛里不願接受訪問，他擔心要是病人聞風而來，他沒有足夠的藥應付。於是報上的報導不但簡化、失真、又扭曲，還一面倒。更何況，史上最強抗菌藥的發現居然源自一個「意外」：讓人多麼印象深刻！是多麼有吸引力的傳奇！

從此，弗萊明便與盤尼西林結下不解之緣。也許在這一方面，最耐人尋味的事實是：即使阿姆拉斯爵士從 1922 年起便提名弗萊明為王家學會會員，但他直到 1943 年才當選。（十年寒窗無人問，一舉成名天下知。）

到了 1944 年 6 月 6 日諾曼第登陸時，盟軍已經配備大量盤尼西林，開戰後因創傷感染失控而死亡的人大幅減少。在歷史上那可能是第一次。十九世紀以來，西方人對於靈藥的想像，透過盤尼西林成為現實。可是在實質上，盤尼西林是「廣效藥」，而不是艾利希預期的「特效藥」（魔彈）。話說回來，即使是遵照艾利希的流程開發出來的磺胺藥又何嘗是「特效藥」呢？

抗生素

名稱的由來

現在我們都把盤尼西林叫做「抗生素」，那是英文單字 antibiotic 的意譯，是盤尼西林問世之後才創造出來的類目。第一個抗生素是盤尼西林，來自青黴，一種真菌。第二個抗生素是鏈黴素，來自一種放線菌，是細菌。它們相繼問世，功能有互補之處，激起了搜尋抗生素的熱潮，使臨床醫學進入抗生素的黃金時代。

到了最近幾十年，抗生素的黃金時代已是陳跡。一方面缺乏新的抗生素，另一方面對抗生素已產生抗性的微生物愈來愈多。可是我們對於抗生素仍然缺乏基本的理解。

例如不少教科書指出抗生素的概念原型可以追溯到巴斯德。他在 1870 年代開始研究常見的病菌，就是葡萄球菌、鏈球菌、肺炎球菌等。在一篇論文中他提到微生物會互相抵制、互相對抗。有某種微生物生存的地方，其他微生物就難以生存。其實這是很普通的觀察，許多人都注意到。那時倫敦的物理學者丁鐸耳 (John Tyndall, 1820～1893) 也在自己的實驗中觀察到這個現象，還寫成論文發表。不過，觀察到微生物會互相抵制、對抗，並不等於知道微生物用什麼方式互相抵制、對抗。更沒有人說過微生物會釋放化學物質剋制對手。

弗萊明觀察到青黴能夠抑菌、溶菌，從一開始他就假定青黴會釋出抗菌物質，這是他的慧眼。巴斯德的獨到之處，是他指出：微生物會互相對抗的事實，在未來也許會有重大的醫療價值。1889 年，另一位法國細菌學者鑄造了一個單字 antibiosis，意思與 symbiosis 相反。symbiosis 是共生，因此 antibiosis 就是「反共生」。大家一定已經看出，antibiotic 這個字原來是 antibiosis 的形容詞。

antibiotic 成為名詞，意思是抗生素，專指盤尼西林、鏈黴素之類的抗菌藥，是魏克斯曼 (Selman A. Waksman, 1888～1973) 發明的。1952 年他因為發現鏈黴素的成就獨得那一年的諾貝爾生醫獎。魏克斯曼對抗生素的定義排除了人工合成的抗菌藥，例如薩乏散、磺胺藥。

自然界的抗生素

魏克斯曼在退休之後發表了一篇論文，提醒我們一個更重要的事實，那就是：抗生素的存在其實是個謎。論生物質量，世上的細菌是動物的 35 倍。即使只論原生生物，也是動物的 2 倍。可是，數量那麼龐大的微生物，只有極少數會製造我們稱之為抗生素的化學物質。已發現的抗生素只來自幾個微生物類目；會生產抗生素的微生物，往往有親緣關係。而且，即使會製造抗生素的菌株，在自然狀態中產量也非常小，不足以抑制其他微生物，能夠為它們爭取到的生存空間非常小。用以生產抗生素的菌株，在人工環境裡需要特定配方的培養液才能夠大量生產。簡言之，微生物生產我們稱之為抗生素的那些化學物質，很可能不是為了 antibiosis。請想想這個字的意思：antibiosis 是 symbiosis 的相反詞；symbiosis 是共生，antibiosis 意思是反共生——排擠對手、不容許共生。而我們稱之為抗生素的那些化學物質，對於微生物而言，可能根本沒有我們珍視的功能。

難怪我們在自然界找到的抗生素愈來愈少。其中的道理不難尋繹：生物會演化。一種微生物若演化出對付其他微生物的抗生素，其他微生物不可能坐以待斃。

盤尼西林的詛咒

抗生素改變了我們對人生的期望，也塑造了我們的憂慮。現在談抗生素，焦點總是令人憂心的問題——耐藥性（抗藥性），而不是二戰後那一代人眼中的救命靈丹。

1940 年 9 月，英國牛津一位四十三歲的警察，在整理花園時被玫瑰花刺劃破面頰，釀成難以收拾的感染。細菌從身體內外逐漸將他掏空，他受了幾個月的折磨才撒手人寰。在抗生素問世之前，這樣的遭遇並不稀罕。而婦女生產、新生兒成長都有巨大風險。

抗生素寵壞了我們，我們對抗生素養成了依賴性。結果：很快就出現了不畏抗生素的細菌。弗萊明在諾貝爾演講中就提出警告：魔彈會很快喪失魔力。果不其然，現在我們面對的是超級細菌的威脅——常用的抗生素都無效。於是我們恍然大悟，難怪在自然界抗生素是特例，而不是通例。難怪在自然界抗生素不流行。

結　語

十九世紀實驗室醫學興起，實驗室醫學鼓舞了特效藥的想像。特效藥就是魔彈。魔彈本來是鍊金術士使用的術語，現在它成了科學隱喻。疫苗是史上第一種特效藥，例如預防天花的牛痘。到了十九、二十世紀之交，化學藥開始出現。十九世紀末問世的阿斯匹靈，是第一個有名的化學藥，可以消炎、鎮痛，只是藥效都不太強。

然後磺胺藥、抗生素為特效藥創造了新的意義。其實它們都不符合特效藥的原始定義，它們對病菌都是通殺，而不是針對特定的病菌。疫苗才符合傳統的特效藥想像；傳統的特效藥想像，指的是精準打擊的藥物，就是魔彈。

另一方面，磺胺藥、抗生素問世後，醫學、疾病、醫病關係的觀念因而發生重大變化，包括病人看待自己以及醫師看待病人的方式都與過去不同。新的觀念是：病人成為病菌的載體，治病就是殺菌。而傳統的健康觀念，主體是個人。在中國，先秦時代已如此；西方的話，古希臘時代就認為個人的健康或生病，都跟生活方式、甚至處世方式有關係。簡言之，個人必須為自己的健康負責。

現代醫學創造的世界反而使人不必為自己的健康負責。所謂盤尼西林的詛咒，指的就是這一點。盤尼西林的詛咒有三個面向。第一，盤尼西林真的是靈丹，是魔彈，自然導致濫用。第二，由於我們把盤尼西林視為靈丹或魔彈，造成更大的濫用。第三，由於發現了抗生素的意外用途，譬如說加速家禽、家畜的發育，造成更廣泛的濫用。

後果是我們因而創造了一個世界，我們既不理解又難以控制，譬如說身體的健康與體內微生物社群的關係。我相信大家都聽說過，一具人體負載了多少多少的微生物。不過流行的數字都是錯的，正確的數字是：一具人體包括 30 兆個細胞；而一具人體包括的微生物——皮膚表面的以及身體裡面的——有 39 兆個細胞。那些微生物之間的關係，我們不清楚；那些微生物跟我們身體的關係，我們也不清楚。我們知道的是人體內的微生物，以腸道菌群占絕大多數；已知腸道菌群參與了身體的消化、免疫、內分泌以及神經生理。抗生素破壞腸道菌群的結構，造成的後果我們仍在摸索。

現在藥廠生產的抗生素，大部分不供人使用，而是家禽、家畜。禽畜使用的抗生素，大部分跟我們人類用的一樣，會造成什麼問題，我們仍不清楚。

發現盤尼西林是鬼使神差的意外，我們因而進入了一個充滿了意外的世界。一方面必然還有更多意外。前面提到過，我們身體裡面龐大的微生物社群，跟我們身體的關係，以及它們彼此之間的關係，有太多細節我們還不瞭解。

不過，話說回來，這似乎是「常態科學」的特性。從事科學研究不能沒有計劃。但是我們只能根據已知的科學知識擬定計畫。科學家往往因為意外而察覺始料未及的「未知的未知」，因而擴充知識範圍、甚至修正世界觀❷。

只有成熟的科學才可能享受意外帶來的利益。

❷ 請見本書第一章。

胰島素發現的八點檔連續劇

撰文／國立海洋生物博物館特聘講座教授　嚴宏洋

▲圖 8–1　班廷醫師，啟動胰島素研究的關鍵人物

1923 年 10 月 26 日，瑞典的皇家卡洛林學術院 (Karolinska Institutet) 以電報恭賀居住在加拿大多倫多的班廷 (Frederick G. Banting, 1891～1941) 醫師（圖 8–1），因發現胰島素可以治療糖尿病而獲得諾貝爾生醫獎。然而，班廷的第一個反應居然是：「那老番癲克羅可以下地獄了。」(The old foggy Krogh could go to hell.) 他口中的克羅是誰？為什麼班廷要詛咒他呢？究竟克羅與諾貝爾獎有什麼關聯呢？

克羅 (Schack A. S. Krogh, 1874～1949) 是丹麥人，因發現骨骼肌裡面的微血管調控機制而在 1920 年獲得諾貝爾生醫獎。在 1922 年 11 月，他應邀來到美國的耶魯大學演講，一路上一直聽到多倫多大學已分離出能夠治療糖尿病的胰島素的消息。在罹患糖尿病的妻子堅持下，他們前往了多倫多大學一探究竟。克羅夫婦到達時，是由那個校的生理系主任麥克勞德 (John J. R. Macleod, 1876～1935) 接待，麥克勞德還熱情地邀請他們在自己家中過了一夜。1923 年，克羅提名了班廷和麥克勞德參加諾貝爾生醫獎的評選。然而，因為克羅僅聽了麥克勞德的說法，並不知道真正的胰島素分離工作，事實上是由班廷與他的助手貝斯德 (Charles H. Best, 1899～1978)（圖 8–2）所完成的。更何況貝斯德在當時只是一位研究生，這也有可能是克羅沒提名他的原因之一。真正付出精神與勞力的貝斯德功勞完全沒有被提及，反而不是實際參與者的麥克勞德被克羅提名，還因而獲獎，也難怪與麥克勞德有此項過節的班廷會詛咒：「那老番癲克羅可以下地獄了」。事實上，班廷與麥克勞德在胰島素發現過程的恩恩怨怨，也更如同八點檔連續劇般的精彩。

▲ 圖 8–2　克羅（左）、麥克勞德（中）與貝斯德（右），克羅為丹麥諾貝爾獎得主，他提名班廷和麥克勞德角逐 1923 年的諾貝爾獎；麥克勞德為多倫多大學生理系主任，與班廷共同獲得 1923 年的諾貝爾獎，但兩人互相痛恨對方；貝斯德為班廷最重要的助手

糖尿病與胰島素的關係

什麼是糖尿病

糖尿病遠在西元前約 250 年就被記載在文獻上了。病患的主要特徵是：當患者的尿液排在地上時，由於含有糖分，會吸引螞蟻們的聚集。因為這項特性，所以被稱為「糖尿病」。以今日

的醫療知識而言，正常人空腹時的血糖濃度應該是 70～99 mg/L，若是 100～125 mg/L 就已經偏高了；當血糖濃度高過 126 mg/L 時，就是罹患了糖尿病。醫學上將糖尿病分成兩型，第一型 (type 1 diabetes, T1D) 的正式學名為「胰島素依賴型糖尿病」(insulin-dependent diabetes mellitus, IDDM)，因為多發生在幼童或青少年，因而也被稱為「青少年糖尿病」。這類型的糖尿病屬於先天性疾病，過去認為病因不明。但最近有理論認為，應該是身體的免疫系統出現了問題，造成免疫細胞攻擊自己胰臟內的蘭氏小島細胞，使其無法再分泌出胰島素。第二型 (type 2 diabetes, T2D) 的學名為「非胰島素依賴型糖尿病」(non insulin-dependent diabetes mellitus, NIDDM) 或「成人型糖尿病」，其致病的主因是體重過重或缺乏運動，這類型糖尿病患者本身的胰臟並沒有任何病理問題。

在進入胰島素發現的八點檔連續劇之前，必須先瞭解正常人的血糖是如何被調節的。

細胞所需的能量主要是來自醣類。但這些大分子的多醣類，最後都需要被分解成小分子的葡萄糖，才能被輸送入細胞使用。當內分泌系統偵測到血液中葡萄糖分子的濃度開始上升後，就會使得胰島素從胰臟釋放出來。當胰島素分子在血液中循環時，會與細胞上的胰島素受體結合，使得細胞的葡萄糖通道打開，血液中的葡萄糖分子就可以被送入細胞內使用，進而提供能量（圖 8–3）。但若這項機能出現差錯，導致葡萄糖分子沒辦法進入細胞內，而停留在血液中時會有什麼問題呢？當血液中的葡萄糖分子濃度太高，會導致血液的滲透壓過高，這將造成與血液有所接觸的器官上的細胞出現脫水的現象，進而造成細胞受損，患者也因此會有頻尿的行為。大家可能都聽說過糖尿病患者的傷口不易癒合，主要的原因就是因為血液周邊的細胞長期被糖分浸泡而受損。除此之外，視網膜及腎臟上具有密集的微血管網，因此這些部位的細胞也同樣容易受到高濃度血糖的破壞，導致病人失明、需要洗腎。

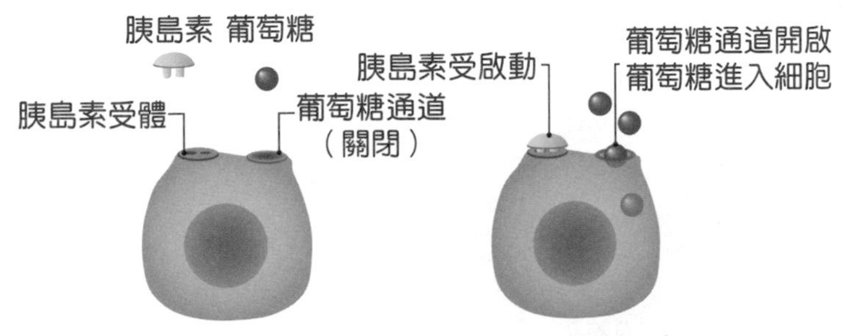

▲ 圖 8–3　胰島素調控血糖濃度的機制示意圖

胰臟分泌物裡面的神祕物質

1869 年，一位德國的病理學家蘭格爾漢斯 (Paul Langerhans, 1847～1888) 在解剖大體時，發現胰臟裡頭有許多細胞群聚成島狀。他在紀錄中僅描述了發現這個特殊構造，但尚不知道這些島狀構造有什麼功能。後來在 1893 年，法國病理學家拉格斯 (Gustave-Édouard Laguesse, 1861～1927) 在研究中發現，蘭格爾翰斯當年描述的島狀構造，其實與內分泌和消化的功能有關。為了紀念蘭格爾翰斯的貢獻，就將這種構造命名為「蘭氏小島」(islets of Langerhans)。

1890 年時，兩位德國生物化學教授閔可夫斯基 (Oskar Minkowski, 1858～1931) 和梅林男爵 (Joseph V. Mering, 1849～

1908)（圖 8–4）將狗的胰臟摘除後，注意到這些狗會變得頻尿，且尿液中含有糖分，最後因瘦弱而死亡。這是第一次透過實驗證明，胰臟的分泌物與醣類的代謝有關。1901 年，美國的內科醫師和病理教授奧佩 (Eugene L. Opie, 1873～1971) 在解剖大體時，發現糖尿病患者的蘭氏小島都有受損的現象，因而提出一個假說，認為蘭氏小島的功能應該與糖尿病有關。

▲圖 8–4　閔可夫斯基（左）與梅林男爵（右），他們的實驗第一次顯示：胰臟的分泌物與醣類的代謝有關

後續開始有科學家利用胰臟的萃取物來進行實驗。1906 年，德國醫師祖爾澤 (George L. Zuelzer, 1870～1949) 將狗的胰臟萃取物注射到患有糖尿病的狗身上，結果出現了成功解除症狀的案例。他也曾將牛胰臟的萃取物 acomatrol 打入昏迷病人的體內，卻發現會導致病人過敏。祖爾澤的實驗在醫學史上首次證明胰臟分泌物的確

與糖尿病有關聯性。

1911 年，美國人斯科特 (Ernest L. Scott, 1877～1966) 在他的碩士論文研究中，以手術摘除狗的胰臟，發現會導致狗出現糖尿病的症狀，但在注射胰臟萃取物後，就能有效緩和其病症。

1913 年，英國生理學者夏普 - 沙弗爵士 (Sir Edward A. Sharpey-Schafer, 1850～1935) 在美國史丹佛大學的演講中，首先將胰臟分泌的物質定名為「胰島素」(insulin)。

1919 年，美國生物化學家克萊納 (Israel S. Kleiner, 1885～1966) 將狗胰臟的萃取物打到正常的狗身上，發現會導致低血糖，因而推論胰臟的分泌物，應該與血糖的調節有關聯。緊接著，1921 年羅馬尼亞醫師兼生理研究者保雷斯庫 (Nicolae C. Paulescu, 1869～1931)（圖 8–5）透過實驗證實，若將狗的胰臟萃取液狀物打到患有糖尿病的狗身上，可以使其血糖值恢復正常。

▲圖 8–5　保雷斯庫，將狗的胰臟萃取液狀物打到有糖尿病的狗身上，發現可以使血糖值恢復正常

胰島素的發現，事實上是經過上述這些實驗，從在胰臟中發現神祕構造開始，再發現該構造所分泌的物質，並一步步抽絲剝繭地釐清其功能。而上述這些曾利用胰臟萃取物進行實驗的學者，在 1923 年的諾貝爾生醫獎公布後，也都曾寫信抗議，聲稱自己才是胰島素的發現者。

第一型糖尿病的小孩要如何延命

罹患第一型糖尿病的小孩，由於蘭氏小島細胞完全無法分泌胰島素，因而吃進的食物中若含有醣分，就會累積在血液內，導致頻尿、口渴、極度飢餓、體重減輕、容易疲倦和視覺模糊的症狀。

1921 年時，艾倫 (Frederick M. Allen, 1879～1964) 和約斯林 (Elliott P. Joslin, 1869～1962)（圖 8–6）這兩位醫師不約而同地想到，若是在患者飲食中完全不給予含醣的食物，應該就可以延長第一型糖尿病小孩的壽命。於是他們分別設計出了低卡食譜，規定病患的每日熱量最多只能攝取 400 大卡（正常人每日所需熱量約為 2,000～2,500 大卡），而食譜內容的食材包括全蛋、蛋白、豆子、蔬菜、橘子、菠菜、花椰菜、咖啡或茶。他們將診所分別設在紐約與波士頓，專為上層社會人士的小孩提供服務。但是這種低卡飲食療法儘管可以延命，但最後卻會使小孩慢慢地餓死。艾倫醫師的病患中最著名的是伊麗莎白．休斯 (Elizabeth Hughes, 1907～1981)，她的父親是當時美國國務卿查爾斯．休斯 (Charles E. Hughes, 1862～1948)（圖 8–7）。在 1922 年 4 月時，艾倫醫師還親自到國務卿的官邸診治伊麗莎白，並診斷她最多只能活到當年的 10 月。在那時，罹患第一型糖尿病的小孩死亡率是 100%，艾倫醫師所實施的低卡療法，只能多延命幾個月而已。

▲ 圖 8–6 艾倫（左）與約斯林（右），低糖食物療法的創始人

▲ 圖 8–7 伊麗莎白（左）與查爾斯（右），班廷因治療伊麗莎白經媒體報導而引起公眾的注意；查爾斯為當時的美國國務卿

胰島素發現過程的恩恩怨怨

緣　起

憂慮、負債、失眠的一夜

班廷於 1891 年 11 月 4 日，在加拿大安大略省的鄉下出生。1916 年 12 月從多倫多大學醫學系畢業後，立即被送往法國擔任軍醫參加第一次世界大戰。班廷在作戰時，相當具有使命感，即使自己受了傷，仍繼續為其他傷兵們服務，因而獲頒了十字勳章。

班廷於 1919 年回到多倫多，並在病童醫院接受骨科外科醫師的住院訓練。隔年他向父親借了筆錢，在安大略省的倫敦市買了棟房子，開設一家外科診所，並從 7 月 1 日開始看診。但他的診所一直到了 29 日，才有第一位病人上門，而且第一個月的收入只有 4 元加幣。為現實所逼，班廷只好到在市區西邊的西安大略大學 (University of Western Ontario) 外科解剖系擔任米勒 (Frederick G. Miller, 1884～1972) 教授的助教，以領取非常微薄的時薪貼補家用。

班廷在參加第一次世界大戰之前和女友羅契 (Edith E. Roach, 1938～2020) 訂了婚，但這段戀情後來卻因為經常爭吵而面臨瓦解。負債再加上感情的問題，使當時的班廷對生活深感憂慮。

1920 年 10 月 30 日的晚上，被憂慮纏身的班廷一如往常地難以入睡。於睡前昏沉之際，他在床上閱讀了 11 月號的《外科婦產科期刊》(*Surgery, Gynecology and Obstetrics*)，裡面有篇由拜倫 (Moses Barron, 1884～1974) 所撰寫的論文名為〈蘭氏小島與糖尿病的關係：以膽結石為例〉(*The relation of the islets of Langerhans to diabetes with special reference to cases of pancreatic lithiasis*)（圖 8–8）。在這篇大體解剖的病理論文中，拜倫提到：「胰管被結石擋住，胰臟因而萎縮，造成『腺泡細胞』(acinar cells) 消失，但是蘭氏小島細胞仍存在，而病人也沒有糖尿病的症狀。」拜倫認為，這似乎意味著蘭氏小島細胞健康與否，與糖尿病有關。讀到這裡，班廷忽然睡意全失了。他的腦中冒出一個念頭：若是能利用實驗方法，將胰管結紮，讓部分的胰臟萎縮，或許就可以拿到不含外分泌物的胰臟內分泌物。他隨即起床，在一張卡片上寫下「糖尿病。結紮狗的胰管，維持狗活著直到腺泡細胞萎縮，只剩蘭氏小島。試著去分離內分泌物。以治療糖尿症。」（註：這份手稿現在仍保存在多倫多醫學學術院。原稿將糖尿病寫成 Diabetus；糖尿症

THE RELATION OF THE ISLETS OF LANGERHANS TO DIABETES
WITH SPECIAL REFERENCE TO CASES OF PANCREATIC
LITHIASIS

▲圖 8–8　拜倫（上）與其所發表的論文（下），這篇論文給了班廷研究胰島素的靈感

寫成 glycosurea。都是拼錯的單字）卡片上原先註明的日期是 “Oct 30/20”，但班廷又將 1 寫在 30 的 0 上面，因為當他寫完字卡時，已是 31 日的凌晨了（圖 8–9）。

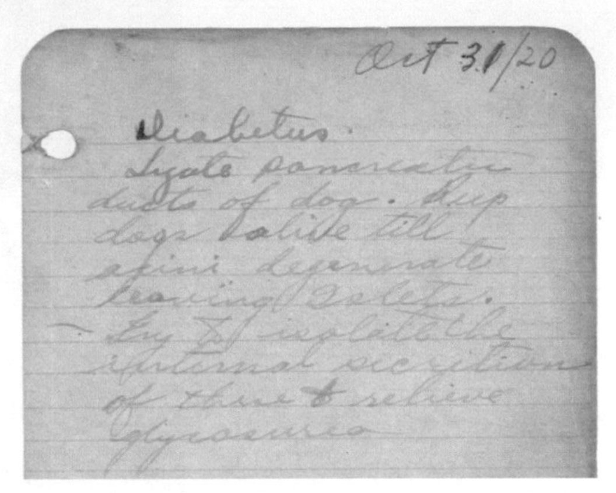
Oct 31/20
Diabetus
Ligate pancreatic
ducts of dog. Keep
dogs alive till
acini degenerate
leaving Islets.
Try to isolate the
internal secretion
of these & relieve
glycosurea

▲ 圖 8–9　班廷手寫在一張卡片上的研究糖尿病實驗的發想

在日後的回憶錄中，班廷提到當時的心境是：「如同往常煩躁而睡不著的晚上，我想到上課和那篇論文。我也想到我的苦楚。多麼希望我能脫離債務和遠離憂慮。」這失眠的一夜使班廷偶然出現了想法，果真成為了他後來擺脫困頓生活的契機。

班廷與麥克勞德的第一次見面

班廷有了如何得到胰臟內分泌物的想法，卻苦於自己沒受過學術實驗的訓練。因而在隔天馬上前往請教米勒教授，詢問若想研究內分泌學應該尋求誰的協助。米勒教授建議班廷可以找多倫多大學生理系主任麥克勞德談談，徵詢他的建議，他是來自蘇格蘭的內分泌學教授。在米勒的安排下，雙方於 11 月 8 日在麥克勞德的辦公室見了面。很顯然地，當時班廷與麥克勞德就相互不滿意對方。班廷在他的日記上寫道：「剛開始他還蠻容忍的，但顯然我沒有很好地呈現議題，於是他開始讀他桌上的信件。」而麥克勞德則是寫了：「我發現班廷醫師只有很膚淺的知道教科書上有關胰臟萃取物對糖尿病效用的知識。而對於實驗室內用來解決這個問題的方法，缺乏實務的瞭解。」當班廷要離開的時候，麥克勞德還對班廷說：「我跟你講，你想做的這個研究，可能只是花時間在證明一個錯誤的假說。你最好再好好想想看。」

回到倫敦後，班廷也回去徵詢了米勒教授的意見，但他也認為班廷要測試的可能是一個錯誤的假說。他對班廷說：「你真的要把你的診所關掉，然後跑去做個沒有錢、沒有收入的研究嗎？你最好再想一想。」接連受到兩個專家的負面建議，班廷於是心想：「要是我生意能夠好起來，我大概就不做這項研究了。」

到了隔年，診所的生意一直沒有好轉，因而在 5 月時，班廷還是決定前往多倫多大學進行研究。當時有兩位生理系大學部的專題生，貝斯德和諾柏 (Clark Noble, 1900～1978) 願意參加班廷的研究，但班廷認為應該只需要一位助手就夠了。於是，他們兩人就以擲銅板決定由誰參加，結果就由貝斯德取得了參加研究的機會。要在大學進行研究，就需要得到系主任的認可才行。由於多倫多的夏天既潮溼又悶熱，麥克勞德在確認完班廷的實驗細節後，就按往常回蘇格蘭去避暑了。於是從 1921 年 5 月 17 日起，班廷與貝斯德兩人就在醫學院的頂樓開始進行實驗。

抽絲剝繭的鑽研

胰臟內的確有可以調節血糖的神祕物質存在

班廷和貝斯德決定以狗作為實驗對象。實驗設計將兩隻狗編為一組，以 410 號的狗為例（圖 8–10），在 7 月 11 日，先摘除這隻狗的胰臟，然後每天測量其血糖的濃度。7 月 27 日時，可以觀察到血糖已明顯地升高，這個現象可以說明胰臟內的確有某種特殊的分泌物，可以調控血糖。到了 7 月 30 日，410 號狗的體內血糖濃度已高達每公升 200 毫克 (mg)。而與 410 號狗同組的另外一隻狗，則是在與摘除胰臟的同一天，用班廷前一年在手稿上所寫的方法，以手術結紮胰臟管，使胰臟自然萎縮，最後僅剩下蘭氏小島仍然會產生分泌物。在 7 月 30 日當天，他們摘除了這一隻狗萎縮的胰臟，並配合生理鹽水加以研磨，然後在早上 10 點鐘時，將這些胰臟萃取物注射到 410 號狗身上。兩個小時後，410 號狗的血糖濃度就已經下降到每公升 100 毫克。到了下午 2 點時，他們又將 0.2 公克的葡萄糖溶於 200 毫升的水，經由胃管餵食到 410 號狗的胃內，此狗體內的血糖濃度又開始逐漸地上升。接著，他們每隔一小時注射一次胰臟萃取液，而狗的血糖濃度就開始急劇地下降。這是醫學史上第一次證明：胰臟內的確有可以調節血糖的神祕物質存在。但到隔天，這隻 410 號狗就因「惡病體質」(cachexia) 而死亡。班廷雖有受過醫師的訓練，但他的手術技巧其實不是很靈光，再加上狗的胰臟小，更是增加了手術難度。因此在班廷研究剛開始的時候，狗經常於還沒進入真正的實驗前，就因手術的感染導致腹腔發炎而死亡。很快地，麥克勞德在渡假前留給他們的狗都用光了，他們只好到多倫多街上向人們買狗回來進行研究。

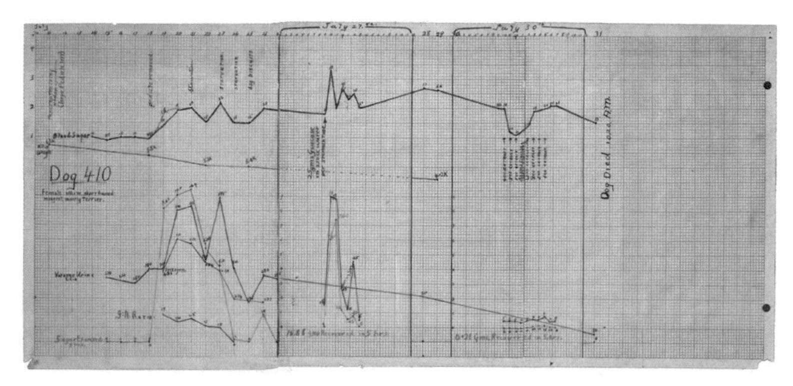

▲ 圖 8–10　410 號狗的胰島素實驗記錄

8 月 3 日時，他們注意到，已摘除胰臟的 408 號狗血糖濃度上升到 275 毫克，於是在 8 月 4 日下午 1 點時，為 408 號狗注射了 4 天前採自另一隻狗的胰臟萃取液 5 毫升。注射的兩小時後，牠的血糖濃度就成功降到了 150 毫克。到 8 月 5 日上午 9 點，408 號狗的血糖值又升到了 260 毫克，這次他們故意改成打入 5 毫升肝萃取液，結果血糖仍然持續地上升，到 11 點時已達 300 毫克。此時，又換打入 5 毫升脾臟萃取液，該狗的血糖仍維持在 300 毫克，沒有下降。接著在下午 2 點、3 點、4 點，他們分批將胰臟萃取液打入 408 號狗體內，結果該狗的血糖就逐漸的下降到 170 毫克。隔日，該狗的血糖自然地逐漸上升。到了 8 月 7 日凌晨，濃度已高達 430 毫克。他們開始每隔 2 小時為其注射一次胰臟萃取液，在當天上午 8 點鐘時，血糖濃度就成功降到了 110 毫克。但到了 11 點鐘時，

408 號狗最終因腹膜炎而死亡。綜觀此次 408 號狗的實驗，獲得的最大成果是：他們證明了肝臟與脾臟的萃取液，均無法調控血糖，僅有胰臟萃取液具有此種效果。

真正能夠決定性確認胰臟萃取液具有調控血糖功能的，是於 11 月 7 日所進行的實驗。他們直接將葡萄糖水注射到 16 號狗的血管裡，想當然耳，其血糖濃度馬上直線上升。到了隔天下午 3 點，在該狗被打入胰臟萃取液後，血糖濃度馬上降了下來。到晚上 8 點時，血糖濃度自然地上升後，又再次注射胰臟萃取液進入 16 號狗體內，結果血糖濃度再次很快地下降了。這個實驗直接地證明了：胰臟萃取液裡的確有某種物質，可以調控血糖的濃度。這個先前被麥克勞德和米勒認為可能是錯誤的假說，其實是正確的！

在這一系列的實驗中，值得一提的是他們在 9 月分所進行的實驗。9 月 7 日時，他們開始了對 9 號狗的實驗。實驗流程與前述類似，班廷和貝斯德同樣反覆地為摘除胰臟的實驗狗注射胰臟萃取液，以藉此確認是否真的具有調控血糖的效果。但此次實驗不一樣的是，在 9 月 13 日的上午 9 點，他們改以採自貓的胰臟萃取液進行注射，發現 9 號狗的血糖濃度竟然也會下降！到了下午 2 點時，他們再追加注射一次貓的胰臟萃取液，結果該狗的血糖仍持續下降。此次的研究使得他們瞭解到，狗與貓雖然是截然不同的動物，但是胰臟的分泌物都同樣能夠調控血糖的濃度。而且就算是進行跨物種的施打，胰臟萃取液於不同動物體內仍然能夠保有相同的作用。

雙方逐漸交惡

麥克勞德在 9 月 21 日時，從蘇格蘭的避暑假期返回多倫多大學，班廷向他報告了這期間的實驗結果。但麥克勞德不僅沒有感到驚豔，甚至還懷疑報告中的數據準確度，並要求他們再重做實驗。聽到他的質疑，班廷當場就發飆了。班廷不僅對麥克勞德的質疑表示憤怒，還接著要求他必須提供薪水、更大的實驗室空間以及另一位幫手給自己，並要求修繕會漏水的實驗室地板。對於班廷的諸多要求，麥克勞德全都不答應。憤怒的班廷就對麥克勞德說道：「那我會考慮改到梅耶診所 (Mayo Clinic) 或洛克菲勒醫學研究所 (Rockefeller Institute for Medical Research) 進行實驗。」麥克勞德也怒回道：「你不要在那兒發牢騷！我就是多倫多大學。」此次會面就這樣不歡而散。在班廷回到實驗室後，就將整個過程都講給貝斯德聽。然後說了一句：「我會證明那狗娘養的，他不是多倫多大學。」(I will show that little son of a bitch that he is NOT the University of Toronto.) 不過要等 7 年之後，貝斯德才終於感受到班廷那句話的真意。

幾天之後，麥克勞德雖然軟化答應了班廷所有的要求，但卻只給了班廷 150 元、貝斯德 170 元作為暑期的薪水。班廷甚至要靠藥學系的漢德森 (Velyien E. Henderson, 1877～1945) 教授幫忙，在藥學系找到一份每月 250 元的兼差職務，才能免於餓肚子。

1921 年 11 月初的時候，麥克勞德要求班廷和貝斯德在學系的書報討論會上報告他們的實驗成果。但麥克勞德為他們介紹和講評時，卻一直用「我們」和「我們的」這兩個字眼，使得學生們誤以為這項實驗是由三人共同進行。結果在課後，班廷聽到學生們大大誇獎了麥克勞德的實驗功力很高強，這使得班廷更加怒火中燒，認為麥克勞德搶走了他們的實驗成果。

於同年年底，美國生理學會在康乃狄克州的耶魯大學舉行了年會。班廷、貝斯德與麥克勞德三人共同發表了以「胰臟的內分泌」為題的論文，但第一作者的列名居然是麥克勞德。而在演講時，班廷顯得結結巴巴、詞不達意，但反觀麥克勞德，卻是使用很優雅的字眼，陳述數據。在這場年會中，先前已發表有關胰臟萃取液論文的斯科特和克萊納也在場，並且對班廷提出了許多尖銳的問題，使得班廷難以招架。事實上，班廷並非是準備不足或是理論站不住腳，而是由於他是一位醫生。當時的醫科學生平常並不會接受到很好的學術訓練，而是以學徒制來學習看病的技術，因此他並不曉得該怎麼去應對這些尖銳的問題。此時，有勞於學院派教授出身的麥克勞德跳出來替班廷解圍，才化解了這個危機。但在麥克勞德發言的過程中，他的用詞一直是使用「我們」和「我們的」，這又再次觸犯了班廷的大忌。班廷從小在鄉下長大，而麥克勞德則來自充滿文化薰陶的家庭，因此兩人的認知並不相同。這件事對於直腸子的班廷來說，總覺得麥克勞德的說法是在搶他的功勞，因而非常憤怒。也因此，日後班廷對麥克勞德又更加嫌惡了。

關鍵人物的出現

1921年底，出現了兩位協助胰島素萃取技術發展的關鍵人物。一位是著名的禮來藥廠 (Eli Llly) 研發部主任克勞斯 (George H. A.

Clowes, 1877～1958)，另一位則是美國洛克菲勒獎學金得主的科利普 (James B. Collip, 1892～1965) 教授（圖 8–11）。

克勞斯也出席了 1921 年那次的美國生理學會年會。在聽完班廷他們的演講後，立即嗅到了商機的存在，於是在會後馬上詢問麥克勞德，他的藥廠是否能夠幫忙純化胰臟的萃取物。但當時的麥克勞德回覆他說：「商機還沒成熟。」

▲ 圖 8–11　克勞斯（左）與科利普（右），克勞斯為禮萊藥廠的研發部主任；科利普以酒精萃取法，成功地分離出胰島素

禮來藥廠是一個很獨特的公司，由一對父子共同經營，在當時已有四十多年的歷史了。他們經營的理念不太強調生意，但卻很重視研究。克勞斯雖然是英國人但是在德國拿到化學博士學位，並受到了禮來藥廠的挖角，讓他擔任研發部的主任，還給了他一個條件：不需要發展藥品，唯一的責任就是跟大學教授們交朋友，並進

行他有興趣的研究。到職後的克勞斯在暑期時間，會到麻州伍茲霍爾 (Woods Hole) 的海洋生物實驗室 (Marine Biological Laboratory) 進行有關海洋生物的研究；而其他的時間，就是到處參加學會和教授們培養私人友誼。也正是因為這個契機，使得後來禮來藥廠藉由生產胰島素，而獲得了數十億以上的利潤。

另一位關鍵人物——科利普教授在 1921 年底時，正好來到麥克勞德的實驗室與其進行為期半年的合作研究。科利普從學士到博士的學位都是在多倫多大學從事生物化學研究。而當時的他，則是在多倫多西邊艾伯塔省 (Alberta) 的艾伯塔大學 (University of Alberta) 擔任教授。麥克勞德知道這時候班廷的團隊需要一位懂得萃取胰臟分泌液的專家，因此向科利普邀請道：「你的專業是生物化學，對於分離化合物相信一定非常拿手。所以想邀請你從我的實驗室轉到班廷的團隊，幫助他們進行萃取的工作。」於是，科利普轉與班廷的團隊合作了將近半年的時間，主要負責萃取胰臟分泌液的工作，在班廷的研究中扮演了很關鍵的角色。

原先班廷所使用的實驗室空間，因為科利普的加入而不敷使用，於是開始另外使用康納特實驗室 (Connaught Laboratory) 的空間。康納特實驗室是由一位多倫多大學的校董事——谷德漢上校 (Albert Gooderham, 1861～1935) 捐錢所建。谷德漢在 19 世紀末曾幫英國打過仗，因此得到了上校的頭銜。同時，他也是位事業很成功的酒商，累積了龐大的財富。在 1914 年時，捐錢為多倫多大學建造了這棟實驗室。康納特實驗室主要是給衛生學系的費茲捷爾 (John G. FitzGerald, 1882～1940) 教授使用來生產抗白喉病的疫苗，但由於這間建築有很大的空間，因此科利普也得以在那裡進行萃取胰臟分泌液的工作。

1922 年 1 月 19 日，科利普開始進行萃取胰臟分泌液的工作。拜科利普的專業所賜，他分析出了為什麼先前班廷和貝斯德所得到的萃取液純度都不高的原因。因為麥克勞德教他們的方法是：把胰臟取出來後，置於保持低溫的生理食鹽水中研磨，然後再進行過濾。然而這種處理方式會在萃取液中留有許多雜質。現在我們知道，蘭氏小島除了分泌胰島素之外，還分泌其他三種化合物。班廷先前只用生理食鹽水進行萃取，是很粗糙的方法。科利普用一系列不同濃度的酒精進行萃取，結果他發現在濃度 50%、65% 時都有沉澱物出現，但超過 90% 後就什麼都沒有了。從這觀察中他得知，「臨界點」(critical point) 是 89% 的酒精，也就是說在該濃度的酒精中，能夠萃取出最高純度的胰島素。接著，科利普又有了項新創舉。為了證明胰島素的存在，班廷和貝斯德過去的實驗一次皆要使用兩隻狗，這相當耗費金錢，而且實驗用狗也不好買到。經過考量後，科利普改用家兔當做材料。實驗方式一樣是先測量家兔血糖濃度後，再打入胰臟萃取液進行觀察。若是 1 毫升的萃取液，能使得家兔的血糖降低 10 毫克，則定義該萃取液為「一個家兔單位」(1 rabbit unit)。他的這項創舉，不僅省去了每次都要使用兩隻狗來做實驗的麻煩，也加快了研究的進展。

胰島素在臨床醫學上的應用

胰島素人體臨床實驗

1921 年 12 月 20 日，班廷認為胰臟萃取液的相關研究已成熟到可以進行人體實驗，於是打電話給了他的醫科同班同學基爾惠斯特 (Joseph A. Gilchrist, 1893～1951)（圖 8–12），當時他已出現了糖尿病的症狀。在基爾惠斯特來到實驗室後，班廷用口服的方式讓他服下狗的胰臟萃取液。然而在隔天，卻發現他的血糖完全沒有下降，也就是說這是個失敗的實驗。這次的實驗雖然失敗了，卻使得班廷瞭解到狗的胰臟萃取液成分，應該是會被胃酸破壞的蛋白質所構成的化合物。

▲圖 8–12　基爾惠斯特，班廷的同學。第一次接受口服胰島素的治療，但卻是失敗的

後來在 1922 年 1 月 11 日的另一次人體實驗中，有了不一樣的結果。一位 14 歲的加拿大少年湯普生 (Leonard Thompson, 1908～1935)（圖 8–13）接受了純化的狗胰臟萃取液注射。然而，實驗初期的萃取液因為含有太多雜質，使得湯普生產生劇烈的過敏反應，只

▲圖 8–13　湯普生，醫學史上第一位接受胰島素注射的男孩

好暫停注射。幸好有科利普在 1 月 19 日起加入團隊協助萃取，使得團隊在 23 日得到了純化的萃取液。純化的萃取液在注射入湯普生體內後，沒有產生任何副作用，且他的尿糖 (glycosuria) 症狀也得到改善。湯普生在 1921 年 12 月 2 日入院開始接受治療，並在 1922 年 5 月 18 日出院。這位少年成為人類醫學史上，第一位因施打胰臟萃取液而成功對抗糖尿病的患者。

峰迴路轉的激烈較勁

1922 年 1 月 19～24 日之間的某一天，科利普走進了實驗室，對著眾人宣布：「夥伴們，我找到萃取的方法了！」班廷立刻興奮地問：「太棒了！你是怎麼辦到的？」然而科利普居然說：「我決定不告訴你。」這一舉動瞬間惹火了班廷，他上前一把擰住科利普的領口，並把他舉起來摔到一旁的椅子上，這幾乎使科利普摔倒到地上。這時的科利普才托出實情，告訴班廷說：「是麥克勞德要我不要告訴你的。」此段敘述是 1941 年，貝斯德在班廷的追思典禮上，回憶當時他所見景象的說法。事實上，當時實情是，班廷走過去揮了一拳，把科利普打倒在地上。

到了 1922 年 3 月時，班廷發現因為他不能在多倫多綜合醫院或病童醫院執業看診，因此胰臟萃取液對糖尿病的臨床實驗工作已被麥克勞德和醫生們的團隊壟斷。這讓他感覺到貝斯德和自己，只不過是為麥克勞德生產胰臟萃取液的助理而已。在班廷的日記上，他寫道：「3 月的每一晚，我不喝醉酒，是無法入眠的」。3 月 31 日晚上，貝斯德走進班廷所租的充滿煙霧和酒味的小房間內，看到已半醉的班廷。班廷對他說：「我再也不幹了，我要退出這研究了。」貝斯德說：「那我要怎麼辦？」班廷說：「你的好朋友麥克勞德會照顧你的。」沒想到貝斯德回說：「你不幹了，那我也要退出。」這句話像是晴天霹靂，瞬間使得班廷酒醒了。他感覺到自己對貝斯德是有責任的，然後他們倆花了整晚，談論接下來的臨床實驗要如何進行。

隔天一早，班廷就跑去找史塔(Clarence L. Starr, 1868～1928)（圖 8–14），他是位退役的上校。在班廷還在英國服役的時候，史塔是野戰醫院的院長，也就是班廷的直屬長官。班廷一直對他很敬重，將他當成自己的爸爸般尊敬。那時候的史塔已經轉任為多倫多綜合醫院的外科主任。班廷對他說：「長官，我應該怎麼辦？我現在已經完全被麥克勞德封殺了，不知道該怎麼辦？」史塔畢竟是當地的醫生，已經執業很久了。於是他建議班廷：「我告訴你一個方法。你先在多倫多綜合醫院附近開一家診所。根據多倫多市政府的規定，診所是不能讓病人住在裡面的，所以診所內的病人都必須送到綜合醫院或病童醫院住院，如此一來，你就可以來這裡看病人，並進行臨床實驗了。」總而言之，史塔知道內線遊戲該怎麼玩，於是抓住規定的

▲圖 8–14　史塔，第一次世界大戰時，班廷在野戰醫院時的長官。在班廷的研究被麥克勞德圍堵時，他設法為班廷解圍

漏洞想出了這個方法。他幫班廷在布羅爾街 (Bloor Street) 租到一間房子並開了診所。班廷怕自己一個人忙不過來，於是就邀請了正在由他治療糖尿病的同學基爾惠斯特來當他的合作夥伴，兩人一起看診。原先在多倫多大學，他被麥克勞德封殺，使得他不能到醫院進行臨床實驗。但現在只要有病人來到他的診所，班廷就可以安排他們去住院，並到醫院幫病患打針了。如此一來，突然之間戰場優勢又被班廷奪了回來。史塔到底是在戰場上打過仗的人，自然有他的門路與人脈。他要班廷去找任職於多倫多市內「退伍軍人重建醫院」的阿諾院長 (W. C. Arnold, 1883～1960)，詢問他是否能幫忙。巧合的是，當初班廷在戰場上受了傷被送回多倫多後，就是在這家位於克理斯蒂街 (Christie Street) 的軍醫院服完他最後的兵役，所以他跟這個醫院的人都很熟識。見過阿諾院長後，阿諾馬上就答應在軍醫院內成立一個糖尿病診所，並讓班廷擔任主任。短短的幾天之內，整個胰臟萃取液研究的情勢已是豬羊變色了。更不可思議的是，多倫多大學所生產的胰臟萃取液，1/3 是給班廷的私人診使用，1/3 是給這家軍事醫院使用，另外 1/3 才是用到綜合醫院和病童醫院。在班廷上任軍醫院糖尿病診所的主任後的幾天，反倒是麥克勞德完全被封殺，他再也沒辦法介入臨床的實驗。至於為何會在短短的幾天之內，情勢有這麼劇烈的變化？這背後應該是有在大學內具有實權的人士介入運作，然而班廷或其他人，對這整個過程卻都沒有留下任何書面紀錄，因此究竟幕後推手是誰，迄今仍然是個大謎團。

1922 年 5 月 3 日，美國醫師協會的年會在美國首都華盛頓舉行。班廷團隊的七個人，聯名發表了一篇題為《胰臟萃取液對糖尿病的效用》(*The effect produced on diabetes by extracts of pancreas*)的論文。然而班廷因為缺乏旅費前往參加，就由麥克勞德前往代表報告。在演講中「胰島素」這個名詞首次被正式發表。在演講完後，在場的全體聽眾起立鼓掌。那是美國醫師協會成立以來，第二次聽眾有這種舉動。但演講當時的情況傳回到班廷的耳朵時，卻發現麥克勞德又在演講中一直使用「我們」、「我們的」用詞，再度使得班廷忿忿不平。

班廷的第一位美國糖尿病患者

美國的一位年輕人哈文斯 (James D. Havens, 1900～1960)（圖 8–15）在十四歲時被診斷罹患第一型糖尿病。他的父親是美國國會議員，也是柯達公司 (Kodak) 的副總裁。他們的私人家庭醫生威廉斯 (John R. Williams, 1874～1965) 剛好與班廷認識，因而得以拿到胰島素。在 1922 年 5 月 21 日，哈文斯被注射了 2 毫升的胰島素，但除了疼痛之外，似乎沒有任何效用。五天之後，班廷親自帶著新鮮的胰島素，搭上火車到紐約州羅契斯特 (Rochester) 為他看診。班廷向威廉斯醫師建議：先給他打

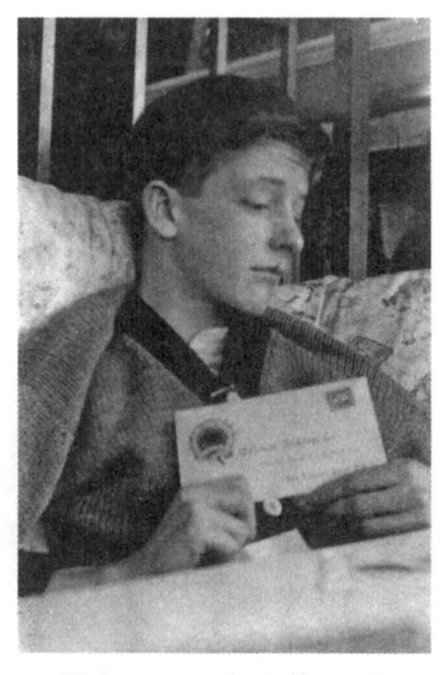

▲圖 8–15　哈文斯，著名的版畫家，二十二歲時因為接受班廷的施打胰島素而活命。他是美國第一位接受胰島素的注射的糖尿病患者

兩針，之後再追加三針。結果到了隔天，哈文斯尿液裡面就沒有糖分了，且血糖濃度也恢復正常。班廷回去後，就安排每天透過火車經由邊界配送新鮮的胰島素。當時的海關官員覺得很奇怪，為什麼每天都有這個新鮮的東西送進來？而且因為是蛋白質萃取物，需要低溫儲藏，若是拿到室溫下檢查就會壞掉。但因為哈文斯父親的國會議員身分，只要向海關關說一下，新鮮胰島素每天都可以不必經過檢查就通關。結果本該命絕的哈文斯，因注射胰島素而活下來了。他在 1924 年 2 月，還寫了封信給班廷，上頭寫到：「班廷醫師，這是你的男孩吉米的照片。我想你或許想來看看，他在寒冬過得如何，看來很粗獷吧？感恩的哈文斯。」

哈文斯持續地施打胰島素，順利地長大成人，成為美國彩色版畫復興運動中非常有名的畫家。之後甚至也娶了太太，生了兩個小孩，活到了六十歲。

胰島素的阿公

本文的一開始時有提到，德國生物化學教授閔可夫斯基遠在 1890 年時，就曾發表論文，顯示胰臟的分泌物與醣類的代謝有關。到了 1922 年時，班廷的胰島素發現已引起學界的注意。閔可夫斯基還寫了封信給班廷，恭喜他的發現。在信上他提及：「我當年夢想著自己有一天會成為胰島素之父。而很顯然地，這個頭銜，應該是非班廷莫屬的。」幾個星期後，閔

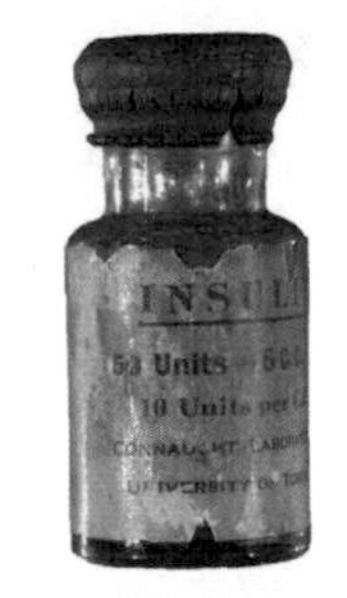

▲圖 8–16 多倫多大學康納特實驗室所生產的胰島素

可夫斯基走進他在醫學院的教室，並從實驗衣的口袋內，拿出一瓶標示有「多倫多大學康納特實驗室製造」的胰島素（圖 8–16）向學生們展示，然後閱讀了班廷回給他的信，信上說道：「你雖然沒能成為胰島素之父，但你卻是胰島素的阿公。」從這個小舉動，就能夠反映出，班廷是位很客氣、內斂的研究者，但這或許也是為何他一直與麥克勞德格格不入的主因。

胰島素開始量產

到了 1922 年的 5 月底，班廷就發現到，只靠康納特實驗室生產的胰島素，是不夠臨床上使用的，而且科利普也即將結束與他們團隊的合作關係，回學校去了。在班廷的提議下，貝斯德和科利普在 6 月 2～3 日，來到位於印第安納州印第安納波利斯市 (Indianapolis) 的禮來總公司，與研發部主管克勞斯談論如何量產胰島素的相關事宜。科利普告訴對方萃取時的細節，藥廠也當場進行測試，結果效果不錯。從此之後，禮來公司便開始生產胰島素。不過等到真正要量產時，過程卻不是很順利。有時候萃取出來的純度很高，有時候卻很低，這個技術上的瓶頸一直沒辦法解決。後來，一位化學家沃登 (George B. Walden, 1895～1982)（圖 8–17）意識到，由於胰島素是個蛋白質分子，在萃取時若能使得外界溶液

▲圖 8–17　沃登，禮萊藥廠的化學專家，他發展出「等電點」分離方法，使得胰島素可以純化和量產

的酸鹼值與胰島素分子的酸鹼值相同，此時裡外的電荷就會相互抵消，達到所謂的「等電點」(isoelectric point)。當胰島素分子變成中性，就會大量沉澱下來，達到提高純度的目的。因為這項調整，胰島素開始可以快速且大量地生產，成為胰島素發展上很重要的轉捩點。此外，由於美國人食用牛肉的量很大，因此有足夠量的牛胰臟可以供應作為萃取胰島素的原料。不過禮來公司並不將產品稱為"Insulin"，而是另取商標名為"Iletin"。為了方便醫生施打，所生產的整組胰島素針劑，內容包括了生理食鹽水、胰島素藥粉和針筒。只要按照所附的說明書，就能依據患者體重調配出所需的劑量，在注射後即可控制患者的血糖濃度。

胰島素在臨床治療上大放異彩

1922 年 7 月，一名體重只有 12.5 公斤的六歲小男孩瑞德爾 (Theodore Ryder, 1916～1993)（圖 8–18）開始接受胰島素的注射。經過持續的注射治療後，在隔年 10 月，他的體重已增加到 20.5 公斤。這位瑞德爾在 1993 年 3 月去世時，已經施打了 71 年的胰島素，是全世界施打胰島素最長紀錄的保持者。他曾經寫信給班廷醫師，信上提到：「班廷醫師，我希望你能來看我。我現在已經是個胖男孩。我可以爬樹了。瑪格麗特[1]希望能看到你。來自泰迪瑞德爾的愛。」收到信的班廷也很客氣地回信給他：「我會永遠對你未來的生活有興趣的。請原諒我，讓我帶點驕傲。因為我會永遠記得，當我們在胰島素研究上遭遇到困難時，讓我堅持下去的是，想

❶ 瑞德爾的母親。

到你即使在承受注射胰島素的重擔時，仍能持續保持著飲食和勇氣。我相信你會在未來很成功。即便你遇到挫折時，也會展現相同的信念。」

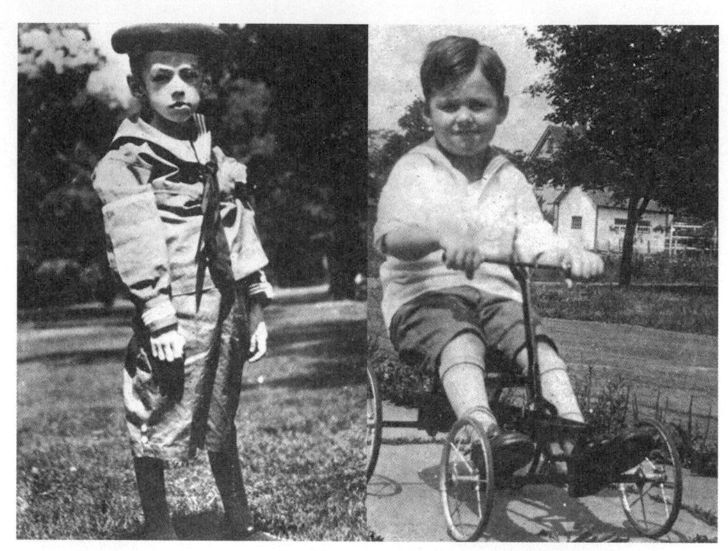

▲圖 8–18　瑞德爾，從六歲起開始接受胰島素注射，到他七十七歲過世為止，共注射了長達 71 年的胰島素，是當時最長的紀錄

另一個臨床治療成功的例子，是前面提到的美國國務卿的女兒伊麗莎白。當時她本已被艾倫醫師判定活不過當年的 10 月，但在她父親的努力下，將她轉到多倫多給班廷進行治療。因為她的特殊身分，使她可以不必住院，而是住在多倫多綜合醫院附近，一個她父親的朋友的豪宅內，並由一位艾倫醫師診所訓練出來的護士進行照護。而她的母親安朵涅特．休斯 (Antoinette E. C. Hughes, 1864～

1945) 也經常會從華盛頓過來陪伴她。在被班廷診治期間，有一次，伊麗莎白的母親必須陪同她的父親，以國賓身分代表總統前往巴西參加一場重要的聚會。在出差兩週後，她母親回到多倫多探望她。伊麗莎白的母親看到她竟然一下長了十幾公斤，徹底被嚇到了。吃驚地詢問女兒：「妳感覺如何？」伊麗莎白告訴母親：「那真是難以言喻的美好。」(Isn't that unspeakably wonderful.) 這是因為，她原本以為自己很快就會死掉了，然而卻能在治療期間，體驗各種她過去從沒想過可以做的事情，所以才會這麼說。接著她又告訴母親：「班廷醫生會讓我吃巧克力。這讓那個護士阿姨都嚇死了，說怎麼可以吃巧克力，吃巧克力會不會沒命？然後有一天，我吃了第一片吐司麵包，那阿姨也說不行，妳不能吃。我於是回她，是班廷醫師說可以吃的！」

據說班廷會在下班之後，開著車帶伊麗莎白出去兜風、看電影，所以對伊麗莎白來說，那時的治療經驗是 "unspeakably wonderful"。伊麗莎白於 1922 年 8 月 16 日入醫院治療的時候，體重只有 20.5 公斤。四個半月後，在離開醫院時體重已增為 47.7 公斤。在短短的時間內增加了 27.2 公斤，可見胰島素的效用，真是非常不可思議。不過當時的胰島素純度還不是很高，且又是來自異體動物，常會造成傷口因過敏反應而腫起來，所以注射胰島素其實是十分不舒服的。但這些痛苦伊麗莎白都樂觀地忍耐了過去。從她於 1922 年 8 月第一次接受胰島素針的注射起算，直到 1981 年 4 月她死亡時，共打了 59 年、42,000 劑的胰島素。

雙方持續交惡

1922 年 9 月 6 日，《多倫多星報》(*Toronto Star*) 轉載了英國《泰晤士報》的文章，內容是倫敦大學學院 (University College Lodon) 的貝利斯爵士 (Sir William M. Bayliss, 1860～1924) 在報上的抱怨：「麥克勞德沒有得到他應該有的光榮，報紙上都只報導班廷的功勞。」貝利斯爵士認為，班廷只不過是一位合作者而已，並不是原始設計出這個治療想法的人。貝斯德在讀到這份報導後十分不快，於是拿著報紙去見麥克勞德，並責問他說：「你為什麼這麼說，這一定是你講出去的！」然而麥克勞德卻回應道：「班廷若是不爽那就忍耐點。」(Banting will have to get used to it.) 隔天，換班廷帶著撰寫那篇報導的一個記者去找麥克勞德，想請麥克勞德澄清這件事情。但是麥克勞德不僅拒絕做任何解釋，還說這跟他沒有關係。不過，這整件事怎麼想都應該是麥克勞德傳到英國去的，這使得班廷對麥克勞德的積怨又更加深了。

胰島素嶄露商機

在 1923 年 1 月的時候，多倫多大學當局意識到：他們必須要為胰島素申請專利不可。為什麼呢？因為與其合作的禮來藥廠表示，他們希望能夠取得專利來保護他們為生產胰島素所做的投資。再者，在美國加州聖塔巴巴拉 (Santa Barbara) 的一家藥廠公司，按照班廷等人在 1922 年 5 月時所發表的論文，已經能成功地萃取胰島素了。這家公司通知多倫多大學，若多倫多大學無意申請專利的話，那他們就將要提出申請了。為了保護這個智慧財，多倫多大學決定要為胰島素申請專利。然而，這時身為發明者的班廷卻站出來反對，他當時說了這句名言：「胰島素不是屬於我的，它是全世界的。」(Insulin does not belong to me, it belongs to the world.) 班廷認為：「我身為醫生，曾發過誓言，我不是要賺錢，而是要照顧患者。怎麼可以申請專利呢？」校董事阿爾博特．谷德漢上校這時出面斡旋：「這樣好了，你不如把專利賣給學校，讓專利變成學校所有，這樣也不會違反你曾做出的那個醫生誓言。」對於這項提議，班廷也點頭答應：「好，那我就用 1 塊錢把專利賣給學校。」但耐人尋味的是，當時的專利申請書上並沒有麥克勞德的名字，上面所寫的是由貝斯德、科利普與班廷這三個人聯合申請專利，再把這個權利轉移給多倫多大學。當年的 10 月 9 日，美國專利局許可了這項專利，禮來藥廠的胰島素生產因而受到保障。後續多倫多大學也由這項專利，拿到很多回饋金，得以繼續支援胰島素的研究。

同年 6 月的時候，發生了一個很有意思的事情。那時美國國務卿的女兒伊麗莎白被胰島素救活的故事，已經登上了所有美國的報紙。有一天的下午，一位身材圓潤的男士來到班廷的診所找他，這個人告訴班廷，他來自紐約華爾街，代表一家很大的控股公司前來。這名男士坐下來後，第一件事情就是把皮包打開，接著從一個信封裡拿出一張 100 萬美金的支票要給班廷。他說：「若你把胰島素的專利賣給我，這 100 萬元就是你的。」對於那時候一個月薪水只有 250 元加幣的班廷來說，這數字可以說是很誘人的。那位男士接著說：「若你答應的話，我們將會在北美各大城市成立糖尿病中心，並由你擔任整個計畫的總主持人。你還是可以為病人看診，但是要有預約才行。而且，只有那些高官顯要的病人才可以來給你看病。」班廷一聽怒火中燒，向男士問道：「你們這樣做，那些沒錢的人要怎麼辦？」對方回道：「沒錢的人，再想辦法。我們只要有錢賺就好了。」聽到這裡，班廷馬上就把那個人轟了出去。班廷當時雖然很窮，但是在某個程度上，他是一位人格高尚的人。

引起爭議的諾貝爾桂冠

班廷的回擊

1923 年 10 月 26 日，瑞典的皇家卡洛林學術院發了封電報給班廷，告知他和麥克勞德共獲當年的諾貝爾生醫獎。然而，接到電報的班廷馬上在醫院裡說：「我會拒絕這獎項。應該與我共同獲獎的是貝斯德，而不是麥克勞德。」校董事谷德漢上校一聽到這消息，簡直嚇壞了。他馬上請班廷到辦公室，並對他說：「你要考慮到，如果我們國家第一位拿到諾貝爾獎的人就拒絕領獎，人家會如何想？」班廷考慮再三後還是被谷德漢上校說服而讓步了。雖然班廷答應了前往領獎，但卻馬上打了一封電報給低卡糖尿病療法發明人之一的約斯林醫師。因為班廷知道他當時在哈佛大學，而那一天剛好貝斯德也前往哈佛大學對學生進行演講。電報上班廷請求約斯林：「在任何場合或餐會時朗讀下列文句：『我會與貝斯德共享發現，他沒入獎讓我非常感傷。(Hurt that he is not acknowledged by Nobel trustees.) 我會與他分享這個榮耀』。」這突如其來的舉動，對麥克勞德來說是一個很重的打擊。因為班廷的言下之意就是在對全世界宣布：「麥克勞德根本不值得拿這個獎。」因為這個舉動，麥克勞德被逼得只好在隔天宣布：他會與科利普分享一半的獎金。

其實早在當年6、7月的時候，多倫多大學內就有一些小風浪。很多教授認為再以這樣的待遇對待班廷，早晚會有大事情發生。實在不該讓班廷只領250元的薪水、開一個小診所，而應該想辦法給他正式的頭銜。但是由於學校領導階層總是比較保守，認為胰島素的治療只是剛開始而已，於是並不急著提拔班廷。結果就在10月，來自瑞典的電報一到，班廷一夕之間就變成英雄了。

從瑞典領獎回來的班廷，被當做加拿大的國家英雄。於年底時，國會通過同意支付給他7,200元的年薪，這樣的薪資是當時平均國民所得的9倍。而多倫多大學建了一座新的研究大樓，命名為「班廷研究所」。班廷搖身一變成為加拿大最有身價的單身漢，瞬間成了上流社會淑女們追求的對象，連先前已經與他解除婚約的羅契也找了共同友人出面，想要重修舊好。最終，班廷在1924年6月4日與他一位醫生同事的女兒羅柏森 (Marion Robertson, 1896～1944) 結婚了。但是活潑的羅伯森喜歡社交活動，與在鄉下長大、個性比較木訥的班廷截然不同，他們的婚姻只維持了八年，就以離婚收場。在1934年，英國國王喬治五世冊封班廷為爵士。1937年時，班廷與醫院的同事博爾 (Henrietta E. Ball, 1912～1976) 結婚，展開他的第二段婚姻。

領到諾貝爾獎後，話語的主導權突然掌握在班廷的手上。因為發現胰島素的四位主角中，有三位是從多倫多大學培養出來的，而麥克勞德卻是來自蘇格蘭的外邦人。因此加拿大的大眾們，都認為麥克勞德搶了貝斯德的光彩。再者，班廷持續地在公開場合抨擊麥克勞德，使得麥克勞德逐漸地被同儕們孤立。而多倫多大學當局也對他採取很冷淡的態度，幾乎無視於他的存在。到了 1928 年底，麥克勞德決定回到他的母校——蘇格蘭的亞柏丁大學 (University of Aberdeen) 擔任講座教授。多倫多大學當局在臨別前為他舉辦了一場歡送餐會，校長也邀請了班廷前往與會，但被班廷拒絕了。班廷雖然拒絕參加，但特別要求校長說：「我不會去，但在餐桌旁請擺上一張空椅子，上面要掛著我的名字。」而貝斯德則有參加餐會，當他看到那張掛著名牌卻沒人坐的椅子時，他回想起了 1921 年 9 月 21 日那天，班廷對他說的話：「我會證明那狗娘養的，他不是多倫多大學。」是的，班廷證明了「他才是多倫多大學」。

麥克勞德回到蘇格蘭後，因當地溼冷的氣候，引發了風溼性關節炎，其後的一生都深受其苦。英國的科學界在那個年代是被英格蘭科學家們掌握的，但因為他是蘇格蘭人，因而沒受到多少的注意。加上他得到諾貝爾獎背後的負面傳聞，在加拿大鬧得風風雨雨，也造成同儕對他不是特別敬重。麥克勞德在回國後的僅僅七年，就身心交瘁地過世了。

英雄的隕落和胰島素研究成員各自的發展

1940 年時，加拿大加入第二次世界大戰，派兵協助英國對抗德國。班廷所指導的一位研究生法蘭克斯 (Wilbur R. Franks, 1901～1986)，發明出一款可以抗地心引力的裝置供飛行員穿戴。當戰鬥機急速俯衝時，這個裝置會自動充氣，防止腦部血液瞬間流向下肢，導致飛行員暈眩。於是班廷又穿起了軍服，以少校的身分，準備前往英國戰地現場測試這套抗地心引力裝置的功能。然而班廷所搭乘的這架飛機，於 1941 年 2 月 20 日準備橫越大西洋前，卻在紐芬蘭 (Newfoundland) 的錢納爾 - 巴斯克港 (Channel-Port aux Basques) 附近，有一具引擎失去了動力。駕駛員原先想靠另一具引擎飛到鄰近的機場降落，沒想到第二具引擎也接著失靈，使得機翼擦撞到樹頂，導致整架飛機撞擊到地上，駕駛員當場死亡。而班廷則於事故的隔天也送醫不治而過世，結束了他五十年多彩多姿的人生。在同年的 3 月 4 日，加拿大政府以軍禮，為他舉行國葬。

與諾貝爾獎擦身而過的貝斯德，在 1924 年很低調地前往英國，跟隨戴爾爵士 (Sir Henry H. Dale, 1875～1968)❷研究神經傳導物質的化學機制。於 1929 年接受了多倫多大學的聘請，頂替麥克勞德留下的教授職缺，並為他成立了「貝斯德研究所」，那時的他才剛滿三十歲。貝斯德也在同年分離出「肝素」(heparin) 這種抗凝血劑，至今仍廣泛地被用於腦中風患者以防止血栓的形成。

而科利普回到艾伯塔大學後，也很低調地持續進行他的研究，從不捲入班廷和麥克勞德的紛爭。在 1925 年時，成功地分離出副甲狀腺素。他後續的研究包含了血清中的鈣離子調節、卵巢賀爾蒙、性腺激素、腎上腺分泌激素，對學術界也有很大的貢獻。1930 年，他被麥基爾大學 (McGill University) 挖角，轉任該校教授。1922 年 1 月那時，因為麥克勞德的要求而對班廷隱瞞萃取辦法，

---

❷ 1936 年諾貝爾生醫獎得主。

因而被班廷一拳打得暈頭轉向的事已成過往，倆人在那之後變成了好朋友。在班廷墜機的前一晚，他們還在麥基爾大學見面暢談。1947 年，科利普應聘到當年班廷擔任助教的西安大略大學擔任醫學院長。在 1960 年，被「美國糖尿病協會」(American Diabetes Association, ADA) 頒給「班廷獎章」(Banting Award)（圖 8–19），表揚他在萃取胰島素時所扮演的拓荒者角色（圖 8–20）。

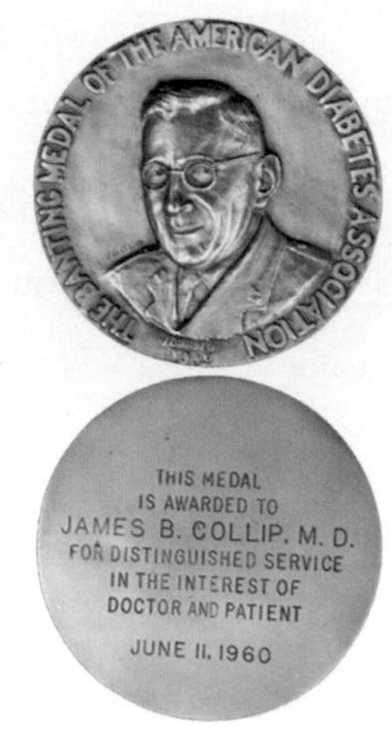

▲ 圖 8–19 班廷獎章

▲ 圖 8–20 科利普在 1960 年，接受美國糖尿病協會頒給第二十屆「班廷獎章」

而在開頭我們講到，被班廷詛咒的克羅其實在 1922 年那次到訪多倫多大學時，隔天就帶著多倫多大學的授權離開，使他們得以在丹麥用自己開發出來的方法萃取胰島素。回到丹麥後，克羅和其妻子的私人醫生哈格多恩 (Hans C. Hagedorn, 1888～1971) 合作，共同設立藥廠，生產商標名為 "Insulin Leo" 的胰島素，廉價地供應斯堪地那維亞地區的糖尿病患者們使用。而克羅患有糖尿病的妻子也成為了注射該藥廠生產之胰島素的第一位病人。這個名為「諾和諾德藥品公司」(Novo Nordisk Pharmaceuticals Inc.) 的藥廠迄今仍在運作，是世界最大的胰島素製造廠，在全球八十多個國家有分公司，產品行銷至一百七十多國，以廉價提供各地病人可注射的胰島素。看在這九十多年來諾和諾德藥品公司對於糖尿病治療貢獻的分上，克羅應該可以取得班廷的諒解了吧！

後 記

胰島素的真面目

從湯普生第一次被注射很粗糙的胰臟萃取液，到禮來藥廠生產的胰島素被廣泛使用的數十年間，沒有人知道胰島素到底是怎樣的結構。要等到 1951 年時，桑格 (Frederick Sanger, 1918～2013) 才成功的定序出人類胰島素 B 鏈的 30 個胺基酸序列，並於隔年再定序出 A 鏈的 21 個胺基酸序列（圖 8–21）。

早期治療糖尿病所使用的為豬胰島素，那時要用一萬磅的豬胰臟，才能萃取到約一磅的胰島素，因此數量較為稀少。而且豬胰島素與人胰島素存在 4 個胺基酸的不同，因此容易發生免疫反應，會

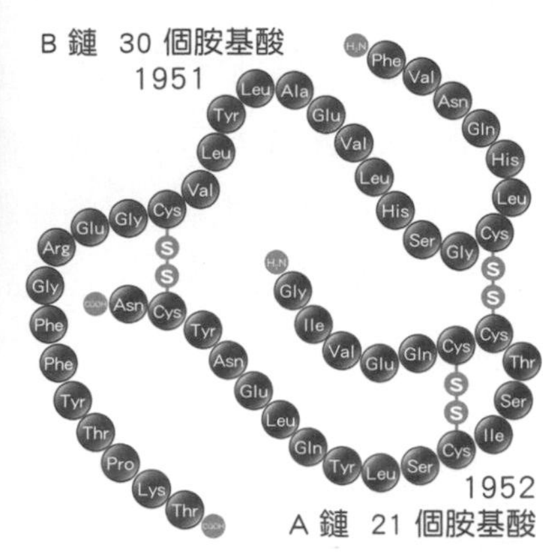

▲ 圖 8–21　桑格（左）所定序出的胰島素胺基酸序列（右）。B 鏈有 30 個胺基酸；A 鏈有 21 個胺基酸

使得注射部位的皮下脂肪萎縮或增生，也會導致胰島素過敏反應。再加上由於其免疫原性高，容易反覆發生高血糖和低血糖，從而出現胰島素的耐藥反應。在人類胰島素被定序後，也能順利地知道合成胰島素的基因。透過基因重組的技術，就可以將製造胰島素的基因轉殖到細菌的質體上，利用細菌製造人類的胰島素。生產過程只需要將轉殖入產生人類胰島素基因的細菌大量培養後，再從細菌身上分離出胰島素，就可以得到大量純化的人類胰島素。且所生產的胰島素注射到人體，也不會引起過敏的反應。

諾貝爾獎的遺珠之憾

諾貝爾獎每次最多只頒給三個人，因而經常引起爭論：誰是遺珠之憾？但諾貝爾獎主辦單位是從來不道歉的，因此當引起爭論時，就只能等五十年後檔案可以解密時才能判斷了！

1973 年解密了 1923 年胰島素發現的檔案後，可以看到當時的遴選委員會主席魯福特 (Rolf Luft, 1914～2007)（圖 8–22）很不客氣地說：「得獎者之一的麥克勞德教授，只不過是個『經理』(manager)，幫禮來藥廠有生意做而已。」該檔案也顯示，當年遴選委員會對於克羅提名麥克勞德是有些疑惑，因此派了位祕書專程前往多倫多大學釐清疑問。但當時接待這位祕書的是生理系主任，也就是麥克勞德本人，因而這位祕書就跟開頭說到的克羅一樣，被麥克勞德蒙在鼓裡，才因此沒有將班廷的助手——貝斯德的貢獻算進去。在 1981 年《科學》期刊的一篇論文中，魯福特更是公開地寫下：「發生這件遺珠之憾的事，是遴選委員會有史以來最糟糕的錯誤。麥克勞德根本沒參與任何階段的研究。」他還說：「若是由他主持遴選委員會的話，1923 年的獎應該是要頒給班廷、貝斯德和另一位羅馬尼亞的研究者保雷斯庫。」因為在 1921 年所發表的論文中，保雷斯庫就已證明：將液狀的胰臟萃取物打到患有糖尿病的狗身上，會使其血糖濃度恢復正常。

▲圖 8–22　魯福特，1973 年諾貝爾遴選委員會主席。他閱讀過解密的檔案後，對麥克勞德當年的獲獎認為：「是遴選委員會有史以來最糟糕的錯誤。」

多倫多大學歷史系的教授布利斯 (Michael W. Bliss, 1941～2017)，花了十多年的功夫，研究從多倫多大學珍藏的胰島素研究過程所留下的文獻，並在 1982 年發表了一本名為《胰島素發現》(*The Discovery of Insulin*) 的專書。他對於發現胰島素過程中四位主要參與者之間的爭吵，有下列的總結：「他們的爭功，主要是想在青史留名。那對大多數的你、我而言，是遙不可及的。當然，這是不該被輕忽的動機。但多倫多的這幾位研究者，誤估了他們的狀況和身後的觀點。他們當時不會瞭解到，知道這段歷史的人們，終究是會尊崇他們的。最重要的是，我們都會榮耀他們的貢獻的」。

醫學的奇蹟——難以言喻的美好

美國國務卿的女兒伊麗莎白，一生都不願讓朋友們知道她需要注射胰島素。甚至等她與男朋友訂婚後，才告訴對方這個隱私。伊麗莎白是在布利斯寫書蒐集資料時，無意中發現了她在這個過程中所扮演的角色，並找到她進行訪談。伊麗莎白也規定，要等到她過世後，才可以披露她的真名。2010 年，兩位作家谷博（Thea Cooper，不明～）和安斯博格（Arthur Ainsberg，不明～）取得伊麗莎白家人的同意，公開她當年接受班廷醫師治療時，與她母親來往的信函，並撰寫一本名為《突破》(*Breakthrough*) 的專書（圖 8–23），以這位少女的觀點，回顧當年胰島素發現的醫學奇蹟。

2018 年時，英國有一群糖尿病患者在網路上集資，籌畫拍攝一部以伊麗莎白的名言「難以言喻的美好」(Unspeakably Wonderful) 為名的影片，述說胰島素的兩位研究者如何痛恨對方，但卻成就了二十世紀最有貢獻的醫學發現。他們已成功募集到目標的金額，並找到了編劇和演員，希望能讓影片在胰島素發現的一百年慶祝典禮上放映。

▲ 圖 8–23 《突破》(*Breakthrough*) 一書的封面

OOPS!
附錄

參考資料

- Bromberger, Sylvain, On What We Know We Don't Know: Explanation, Theory, Linguistics, and How Questions Shape Them (Chicago: University of Chicago Press, 1992).
- Creager, Angela, The Life of a Virus: Tobacco Mosaic Virus as an Experimental Model, 1930–1965 (Chicago: University of Chicago Press, 2002).
- Kuhn, Thomas, The Structure of Scientific Revolutions (Chicago: University of Chicago Press, 1962).
- Latour, Bruno, The Pasteurization of France (Cambridge, MA: Harvard University Press, 1993).
- Rheinberger, Hans–Jörg, Toward a History of Epistemic Things: Synthesizing Proteins in the Test Tube (Stanford: Stanford University Press, 1997).
- Smith, George, and I. Bernard Cohen (eds.), The Cambridge Companion to Newton (Cambridge: Cambridge University Press, 2002).
- Howard H. Seliger, Physics Today 48, 11, 25 (1995), Wilhelm Conrad Röntgen and the Glimmer of Light.
- The Nobel Prize Organization, Wilhelm Conrad Röntgen — Biographical, https://www.nobelprize.org/prizes/physics/1901/rontgen/biographica/.
- Lawrence Badash, Physics Today 49, 2, 21 (1996), The Discovery of Radioactivity.
- Lawrence Badash, American Journal of Physics 33, 128 (1965), Radioactivity before the Curies.
- Phil. Mag. 42 (1896) 103.
- Pierre Radvanyi and Jacques Villain, Comptes Rendus Physique 18 (2017) 544, The discovery of radioactivity.
- Wikipedia, 2020, "Cathode ray." https://en.wikipedia.org/wiki/Cathode_ray (Date visited: November 22, 2020).
- Wikipedia, 2020, "Enrico Fermi." https://en.wikipedia.org/wiki/Enrico_Fermi (Date visited: November 22, 2020).
- 鄭仁蓉、朱順泉 (2002)，認識原子核 – 核物理與放射化學（初版），台北：世潮。
- 鄭仁蓉、朱順泉 (2002)，改變歷史的 10 大物理學家（初版），台北：世潮。
- 羅伯 · 阿德勒 (2006)，他們創造了科學：改變人類命運的科學先驅 (曾蕙蘭、邱文寶譯)，台北：究竟。
- 泰德 · 格特弗瑞德 (2004)，艾力克 · 費米，黃咸弘譯，台北：幼獅文化。

◉ 施陶丁格 (Staudinger) 諾貝爾獎介紹：https://www.nobelprize.org/prizes/chemistry/1953/summary/
◉ 固特異 (Goodyear) 公司歷史介紹：https://corporate.goodyear.com/en-US/about/history/charles-goodyear-story.html
◉ 鐵氟龍 (Teflon) 產品介紹：https://www.teflon.com/en/news-events/history
◉ 導電高分子諾貝爾獎介紹：https://www.nobelprize.org/prizes/chemistry/2000/summary/
◉ Post-itTM 便利貼介紹：https://www.post-it.com/3M/en_US/post-it/contact-us/about-us/
◉ 環保塑膠介紹：https://scitechvista.nat.gov.tw/c/vZRP.htm
◉ 「從廚房到實驗室：由水餃啟發的奈米科技 (From the Kitchen to the Lab: Dumplings Inspiring Nanoscience)」：https://www.advancedsciencenews.com/from-the-kitchen-to-the-lab-dumplings-inspiring-nanoscience/
◉ García, J. M., et al. (2014). "Recyclable, Strong Thermosets and Organogels via Paraformaldehyde Condensation with Diamines." Science 344 (6185): 732.
◉ Kao, Y.-H., et al. (2014). "Nanopressing: Toward Tailored Polymer Microstructures and Nanostructures." Macromolecular Rapid Communications 35(1): 84-90.
◉ Stephens, T and Brynner, R. (2001) Dark Remedy: The Impact of Thalidomide and its Revival as a Vital Medicine. Perseus Publishing.
◉ Learning about the Safety of Drugs — A Half-Century of Evolution. The New England Journal of Medicine (2011); 365: 2151-3.
◉ Ito T, et al. Identification of a primary target of thalidomide teratogenicity. Science. (2010); 327:1 345-50.
◉ The Myeloma Drug Lenalidomide Promotes the Cereblon-Dependent Destruction of Ikaros Proteins. Science. (2014); 343: 305-309.
◉ Thalidomide promotes degradation of SALL4, a transcription factor implicated in Duane Radial Ray syndrome. eLife (2018); 7: e38430.

圖片來源

圖 1–1：Wikimedia Commons
圖 1–3：Wikimedia Commons
圖 1–4：Wikimedia Commons
圖 2–6：Wikimedia Commons
圖 2–7：shutterstock、編輯部
圖 2–13：Wikimedia Commons
圖 2–18：Wikimedia Commons
圖 3–1：shutterstock
圖 3–2：Wikimedia Commons、編輯部
圖 3–3：Wikimedia Commons、編輯部
圖 3–4：Thomas L. Walden (1991). “The First Radiation Accident in America: A Centennial Account of the X–Ray Photograph Made in 1890.” Radiology, 181 (1991), pp.635–639
圖 3–5：Wikimedia Commons
圖 3–6：Lawrence Badash (1996). “The Discovery of Radioactivity.” Physics Today, 49, 2, 21 (1996), p.23
圖 3–7：Lawrence Badash (1996). “The Discovery of Radioactivity.” Physics Today, 49, 2, 21 (1996), p.24
圖 3–8：Lawrence Badash (1996). “The Discovery of Radioactivity.” Physics Today, 49, 2, 21 (1996), p.26
圖 4–2：https://www.nobelprize.org/women who changed science/stories/irene–joliot–curie (© Association Curie Joliot–Curie.)
圖 4–3：https://alchetron.com/Enrico–Fermi#enrico–fermi–28d59d2e–410e–416d–87d0–45970e8906e–resize– 750.jpeg
圖 4–6：Wikimedia Commons
圖 4–7：Wikimedia Commons
圖 5–2：Wikimedia Commons
圖 5–9：https://news.3m.com/2021–01–05–Introducing–Noted–by–Post–it–R
圖 5–10：shutterstock
圖 5–11：https://onlinelibrary.wiley.com/doi/abs/10.1002/marc.201470001
圖 6–2：Wikimedia Commons
圖 6–3：Wikimedia Commons
圖 6–4：Wikimedia Commons

圖 6–6：Georg Petzold, Eric S. Fischer, Nicolas H. Thomä (2016). "Structural basis of lenalidomide—induced CK1α degradation by the CRL4 (CRBN) ubiquitin ligase." Nature, Apr 7;532 (7597), pp.127–130
圖 7–1：Wikimedia Commons
圖 7–2：alamy stock photos
圖 7–3：shutterstock
圖 7–4：Wikimedia Commons
圖 8–1：https://iiif.library.utoronto.ca/image/v2/insulin:P10042_0001/full/full/0/default.jpg
圖 8–2：https://www.nobelprize.org/prizes/medicine/1920/krogh/biographical/
圖 8–3：https://iiif.library.utoronto.ca/image/v2/insulin:P10134_0001/full/full/0/default.jpg
圖 8–4：https://insulin.library.utoronto.ca/islandora/object/insulin%3AP10103
圖 8–6：Wikimedia Commons
圖 8–7：Wikimedia Commons
圖 8–8（左）：https://www.sciencephoto.com/media/418188/view/frederick–allen–american–doctor
圖 8–8（右）：https://fineartamerica.com/featured/elliot–p–joslin–national–library–of–medicine.html
圖 8–9（左）：https://iiif.library.utoronto.ca/image/v2/insulin:P10084_0001/full/full/0/default.jpg
圖 8–9（右）：Wikimedia Commons
圖 8–10（左）：https://med.umn.edu/news–events/medical–bulletin/behind–scenes–heroes
圖 8–10（右）：https://umedia.lib.umn.edu/item/p16022coll234:652
圖 8–11：https://insulin.library.utoronto.ca/islandora/object/insulin%3AN10002
圖 8–12：https://insulin.library.utoronto.ca/islandora/object/insulin%3AM10003
圖 8–13（左）：Wikimedia Commons
圖 8–13（右）：https://iiif.library.utoronto.ca/image/v2/insulin:P10005_0001/full/full/0/default.jpg
圖 8–14：https://iiif.library.utoronto.ca/image/v2/insulin:P10047_0001/full/full/0/default.jpg
圖 8–15：http://hecticdiabectic.com/wp–content/uploads/2016/11/Leonard–Thompson.jpg
圖 8–16：https://culturepics.org/on–this–day/index.php?year=1928&month=&day=&source=lives#liveslives–5724670
圖 8–17：https://iiif.library.utoronto.ca/image/v2/insulin:P10031_0001/full/full/0/default.jpg

圖 8–18：https://iiif.library.utoronto.ca/image/v2/insulin:B10001_0001/full/full/0/default.jpg

圖 8–19：https://www.lilly.com/discovery/100–years–of–insulin/timeline

圖 8–20（左）：https://insulin.library.utoronto.ca/islandora/object/insulin%3AP10037

圖 8–20（右）：https://iiif.library.utoronto.ca/image/v2/insulin:P10139_0001/full/full/0/default.jpg

圖 8–21：http://theendocrinologist.com/frederick–banting–the–man–his–legacy/

圖 8–22：https://iiif.library.utoronto.ca/image/v2/insulin:P10023_0001/full/full/0/default.jpg

圖 8–23（左）：Wikimedia Commons

圖 8–24：https://ki.se/en/mmk/professor–rolf–luft–1914–2007

圖 8–25：https://www.amazon.com/Breakthrough–Elizabeth–Discovery–Insulin–Medical/dp/0312648707/ref=tmm_hrd_swatch_0?_encoding=UTF8&qid=1636255602&sr=8–1

※ 其餘未標示者均為講者提供照片，或講者提供並由三民書局編輯部繪製而成。

名詞索引

相關人名

十二劃

十三劃

專有名詞

非對易群	Non-abelian group	p.44
九劃		
剎車輻射	bremsstrahlung	p.78
哈伯－勒梅特定律	Hubble-Lemître law	p.58
哈伯常數	Hubble constant	p.58
洩漏電流	leakage current	p.89
科普利獎章	Copley Medal	p.36
科學客體	scientifitic objects	p.14
科學革命	scientific revolution	p.9
美國食品藥物管理局	Food and Drug Administration, FDA	p.167
美國糖尿病協會	American Diabetes Association, ADA	p.242
美國醫學會	American Medical Association, AMA	p.168
負面審稿人	negativer reviewer	p.148
十劃		
原子論	atomic theory	p.97
差異性	disparity	p.15
核分裂	nuclear fission	p.111
核融合	nuclear fusion	p.116
海豹肢畸形	phocomelia	p.163
消化分解反應	digestion reaction	p.140
特徵性射線	characteristic X-ray	p.78
胰島素	insulin	p.211
胰島素依賴型糖尿病	insulin-dependent diabetes mellitus, IDDM	p.208
能隙	band gap	p.135
釙	polonium	p.91

等電點	isoelectric point	p.233
菌原論	germ theory	p.20
菸草鑲嵌病毒	*tovacco mosaic virus*	p.15
萊頓瓶	leyeden jar	p.30
象限靜電計	quadrant electrometer	p.89
超吸水性高分子	superabsorbent polymers, SAP	p.132
超級神岡探測器	Super-Kamiokande	p.56
量子色動力學	Quantum Chromodynamics	p.45
黑天鵝效應	black swan event	p.3
十三劃		
愛滋病毒消耗性症候群	HIV wasting syndrome	p.171
新薩乏散	Neosalvarsan	p.191
痲瘋病	leprosy	p.158
痲瘋桿菌	*Mycobacterium leprae*	p.170
腺泡細胞	acinar cells	p.215
運河射線	canal rays	p.90
過度磷光	hyper-phosphorescence	p.88
電子攝影技術	electric photography	p.68
十四劃		
實驗系統	experimental system	p.14
漸近自由	asymptotic freedom	p.44
聚丙烯酸鈉	sodium polyacrylate	p.132
聚四氟乙烯	polytetrafluoroethylene, PTFE	p.129
聚苯乙烯	polystyrene, PS	p.123
聚異戊二烯	polyisoprene	p.127
赫茲射線	Hertz ray	p.90

主編：
林守德、高涌泉

智慧新世界 圖靈所沒有預料到的人工智慧

辨識一張圖片居然比訓練出 AlphaGo 還要難？！
AI 不止可以下棋，還能做法律諮詢？！
AI 也能當個稱職的批踢踢鄉民？！

這本書收錄臺大科學教育發展中心「探索基礎科學講座」的演說內容，主題圍繞「人工智慧」，將從機器實習、資料探勘、自然語言處理及電腦視覺重點切入，並重磅推出「AI 嘉年華」，深入淺出人工智慧的基礎理論、方法、技術與應用，且看人工智慧將如何翻轉我們的社會，帶領我們前往智慧新世界。

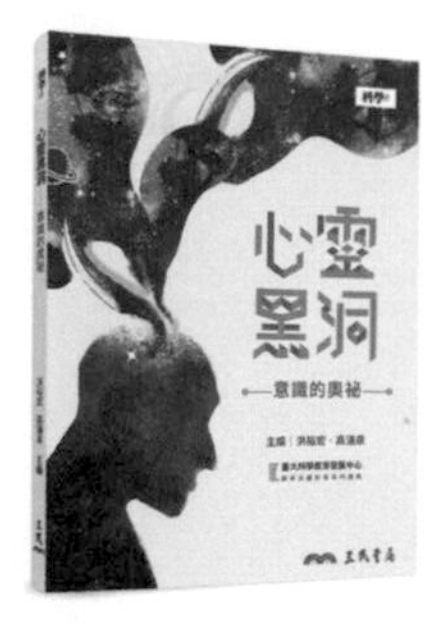

主編：
洪裕宏、高涌泉

心靈黑洞 —— 意識的奧祕

意識是什麼？心靈與意識從何而來？
我們真的有自由意志嗎？
植物人處於怎樣的意識狀態呢？
動物是否也具有情緒意識？

過去總是由哲學家主導辯論的意識研究，到了 21 世紀，已被科學界承認為嚴格的科學，經由哲學進入科學的領域，成為心理學、腦科學、精神醫學等爭相研究的熱門主題。本書收錄臺大科學教育發展中心「探索基礎科學系列講座」的演說內容，主題圍繞「意識研究」，由 8 位來自不同專業領域的學者帶領讀者們認識這門與生活息息相關的當代顯學。這是一場心靈饗宴，也是一段自我了解的旅程，讓我們一同來探索《心靈黑洞——意識的奧祕》吧！

作者：成田聰子
譯者：黃詩婷
審訂：黃璧祈

這些寄生生物超下流！

蠱惑螳螂跳水自殺的惡魔是誰？→可怕的心理控制術
等等！身為老鼠怎麼可以挑戰貓！→情緒控制的魔力
別看是雛鳥！我可是天生的殺手！→年幼的可怕殺手
居然有可怕的凶暴喪屍出現！→起死回生的巫毒邪術

淺顯活潑的文字 + 生動的情境漫畫 = 最有趣的寄生生物科普書

為何這些造成其他生物死亡的事件，卻被稱為父母對孩子極致的愛呢？
自然界中，雖然不是每種動物的父母親都會細心、耐心的照顧孩子，陪伴牠們成長，但天底下沒有不愛孩子的父母！為了孩子而精心挑選宿主對象，難道不是愛嗎？為了讓孩子順利成長，不惜與體型比自己大上許多的生物搏鬥，難道不算最極致的愛嗎？
日本暢銷的生物科普書！帶您走進這個下流、狡詐，但又充滿親情光輝的世界。

國家圖書館出版品預行編目資料

歪打正著的科學意外／王道還,高涌泉主編;臺大科學教育發展中心著.——初版一刷.——臺北市：三民，2021

面；　公分.——（科學+）

ISBN 978-957-14-7312-3（平裝）

1. 科學

300　　110016532

科學+

歪打正著的科學意外

主　　編　王道還　高涌泉
編 著 者　臺大科學教育發展中心
責任編輯　洪紹翔
美術編輯　陳惠卿

發 行 人　劉振強
出 版 者　三民書局股份有限公司
地　　址　臺北市復興北路 386 號 (復北門市)
　　　　　臺北市重慶南路一段 61 號 (重南門市)
電　　話　(02)25006600
網　　址　三民網路書店 https://www.sanmin.com.tw

出版日期　初版一刷 2021 年 12 月
書籍編號　S300330
I S B N　978-957-14-7312-3

三民書局